20만 원으로 즐기는

혼밥 한 달 생존기

안녕하세요.
오즈 마리코입니다.
도쿄에서 살고 있고요.
서른 즈음의 독신이에요!

현재 '한 달 식비
20만 원'으로
생활하고 있어요.

식비 내역은 일반 식비 10만 원과
외식비 10만 원입니다.

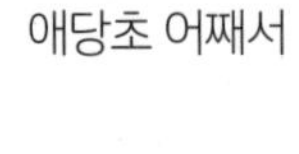

애당초 어째서
식비 예산
20만 원의 생활을
하게 되었는가!?
하면 말이죠….

지금으로부터
3년쯤 전.

돈도 살짝
모았으니까
당분간은
만화에 전력을
다해 보자아!!

… 라는
생각으로
회사를
그만뒀거든요.

헐….
통장 잔액이 점점 줄어들고 있어….
하지만 월수입이 0원인 경우도 있어서….
아르바이트도 하고…
그림도 그리고…
그로부터 1년간 때때로 아르바이트를 하면서 창작 활동을….
헥
헥.
예산을 20만 원으로 정해 놓으면…. 집밥을 더 먹도록 분발하게 돼서 외식이 줄어들지도!!
두둔
20만 원
한 달 식비가 30만 원이었다가, 50만 원이었다가 들쑥날쑥하잖아….
힘내서 절약해야 해!!
맞아.
가계부
절약
저금
느긋하게 절약하는 자취 생활… 지금부터 소개합니다~♪
절약을 의식하는 태도가 일상생활의 원칙(너무 빡빡하지 않은!)으로 이어져서 지금까지도 즐겁게 지속하고 있답니다.
딸기 잼
건포도 빵
이번 달에 남은 돈으로 잼을 사야지~

옮긴이의 도움말

안녕하세요.

금세기 들어서부터 쭉 자취 생활을 이어 온 옮긴이입니다. 책의 내용을 이해하시는 데 조금이나마 도움을 드리고자 먼저 인사드립니다!

책에 담긴 레시피를 옮기면서, 한국을 '매운맛의 본고장'이라고 소개하던 어느 일본 예능 프로그램의 장면을 여러 번 떠올렸습니다. 이 책 속 레시피에도 마늘과 파 등이 등장하지만 아무래도 양념에서 차지하는 비율이 확실히 우리나라와 차이가 나니까요. 따라서 평소 매운맛을 즐기시는 분이라면 마늘의 비율을 2~3배로 늘리시거나, 고춧가루, 청양고추 등을 더해서 즐기시기를 추천합니다.

이 책의 레시피에 나오는 재료들은 대부분 한국에서도 손쉽게 구할 수 있는데 한 가지 마음에 걸리는 게 바로 소송채(小松菜)였어요. 일본에서는 즐겨 먹는 녹황색 잎채소이지만 한국에서는 특정 시기에만 중대형 마트나 인터넷에 보일 뿐 구하기 쉽지 않아서입니다. 그러니 레시피에 소송채가 등장하면 시금치, 비타민, 청경채 등 취향에 맞고 구하기 쉬운 녹황색 채소로 대체하시면 됩니다.

본문에 등장하는 가격 정보는 혼란을 피하기 위해 모두 한화의 '원'으로 통일했습니다. 레시피에 기재된 가격 가운데 주재료의 가격은 분량당 가격을 더해 산정했고요. 초특가 할인 외의 중대형 마트와 시장의 최저가 가격으로 계산했습니다. 레시피와 별도로 소개되는 저자의 소장품 및 공산품 등의 가격은 원문의 가격을 환율(1000원=100엔)로 환산해 적었습니다.

누구나 한 번쯤 느긋한 기분으로 잡지를 넘기며 화보를 구경하다가 고가의 가격 정보를 보고 나하고는 거리가 먼 이야기라는 생각에 김이 새 본 경험이 있지 않을까요? 저는 막 자취해서 요리를 시작했을 때 사전 준비가 번거롭거나 튀기는 요리, 오븐이 필요한 레시피를 보면서 그런 감정을 느꼈지요. 이 책은 바로 그렇게 집밥 홀로서기를 위해 분투하는 이들을 위한 책입니다. 저자인 오즈 마리코 씨가 1구 인덕션레인지가 있는 자그마한 부엌에서 직접 요리하며 간추린 레시피와 절약 테크닉은 모든 자취인과 요리 초보자에게 도움이 되리라 믿어 의심치 않습니다. 화려한 잡지 속에서 찾게 되는 실은 가장 유용한 '기본 아이템 한 달 돌려 입기' 코너처럼요.

그럼 독자 여러분 모두 스스로를 위한 요리 한 그릇을 완성하는 즐거움을 만끽하시길 바라며 《20만 원으로 즐기는 혼밥 한 달 생존기》, 시작합니다!

책 속 레시피로
직접 만들어 본
혼밥

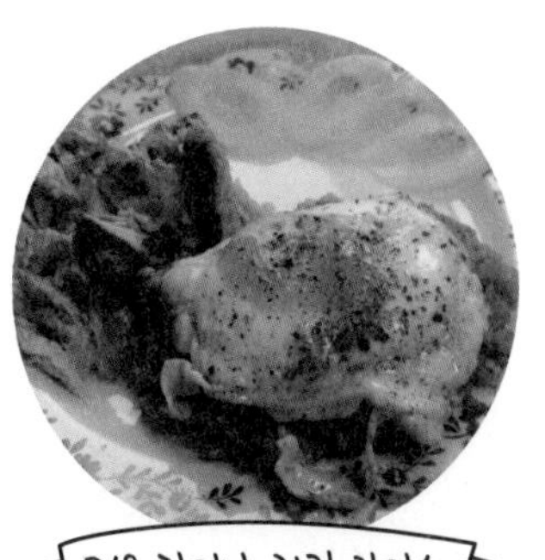

P.18 하이난 치킨 라이스

P.106 프렌치토스트

차례

월초의 느긋한 레시피

제 2 장 월 중순의 슬렁슬렁 레시피

제 3 장 월말의 경제적인 시간 절약 레시피

제 4 장 외식, 셀프 포상, 디저트!

20만 원으로 즐기는
혼밥 한 달 생존기

제1장

월초의 느긋한 레시피

월초의 장보기
마트
호박 1/2개
980원
오늘의 추천 상품
집밥을 계속 만들기 위해서 최저가만을 찾아 헤매지는 않아요. 장보는 일에 지쳐서 집밥을 만드는 즐거움을 놓칠 수는 없으니까요.
• 역에서도 집에서도 가까워서 편리해요.
• 심야 영업을 하고 있어요.
자주 가는 마트의 좋은 점!
매월 첫째 주는 2만 원.
파이팅
한 달 식비 중에서 일반 식비는 10만 원입니다.
월초에 식비를 1만 원 × 10장으로 찾아 둡니다.
ATM
우선, 월초에 첫째 주분의 식재료를 사 둬요.
이번 주에는 어떤 메뉴를 먹어 볼까~!
두근 두근
수첩에

일주일분 식단을
고려해서
장 볼 내용을
메모합니다.
· 다진 돼지고기
300g
· 닭가슴살
· 양배추
· 달걀
· 식빵
· 우유
우선,
다진 돼지고기를 사서
약고추장을 만들어 두고···
낫토랑
양배추랑….
메모
메모.
메모를 해 두면
사야 할 걸
깜빡하는 일도 없고
짧은 시간에
장을 볼 수 있어요.
으쌰!
장 보러
가자!!
간단해!
다음은 달걀~
월초에
대략
1만5,000원
정도의
식재료를
사 둬요!
그러다
주 중반쯤
요리를
하고
있을 때….
여기에
두부를 넣으면
맛있을 것 같아!!
넣어 봐야지!!
레시피
아이디어가
떠오르면
식재료를
보충하러
갑니다.
가까운
마켓에 가면
금방 사 올 수
있어서
좋구나~!
10분 만에
두부만
구매~!

저의 하루 치 집밥은,
아침
빵과 커피.
샐러드는
있으면 곁들여요.
역시나 제철 음식이
맛도 더 좋고
영양가도 많죠!
그 밖에 제철 식재료가
저렴한 경우에는
되도록 사고 있지요.
딸기
꽁치
봄의 양배추
등등
점심
주 2, 3회는
도시락을
가져갑니다.
한두 번은
밖에서
사 먹거나
회사
식당에서.
저녁
혼자일 때는
가능하면
직접 요리!
휴일 전날이나
휴일에는
친구와 외식도 하죠!
술을 사랑하는 1인
이런 식으로
느긋하게
생활하고
있답니다.
가득가득…
냉장고 안에
식재료가
가득 있으면
어쩐지
안심이 돼요….
앞으로 한 달,
나만의 페이스로
힘내자!
자취 생활!!

※ 중대형 마트 및 재래시장의 최저가를 반영했습니다.

얹어서 굽기만 하면 되는 오픈 샌드위치
평일 아침은 정신없이 바쁘죠.
앞으로 20분!
빵 데울 시간밖에 없어!
인스턴트 커피
그럴 때도 냉장고에 재료만 준비돼 있으면….
데친 아스파라거스, 그린빈
삶은 달걀
연어 캔
잘라 둔 소시지
식빵에 마요네즈 1큰술을 발라서 재료를 얹어 굽기만 하면….
삶은 달걀과 아스파라거스로 만든 오픈 샌드위치
카페오레
제대로 된 아침 식사!!
오픈 샌드위치는 다양한 조합으로 만들 수 있어 보기에도 좋아요.
달콤한 게 당기는 날… 버터와 견과류가 들어간 초콜릿을 조각내서 올립니다.
정크푸드(Junk Food) 느낌으로 맛있음.
먹고 남은 우엉볶음이나 제육김치볶음 등 반찬을 올린 토스트도 있어요.
자주 만들게 되는 조합은 다음과 같아요~!
빵순이.

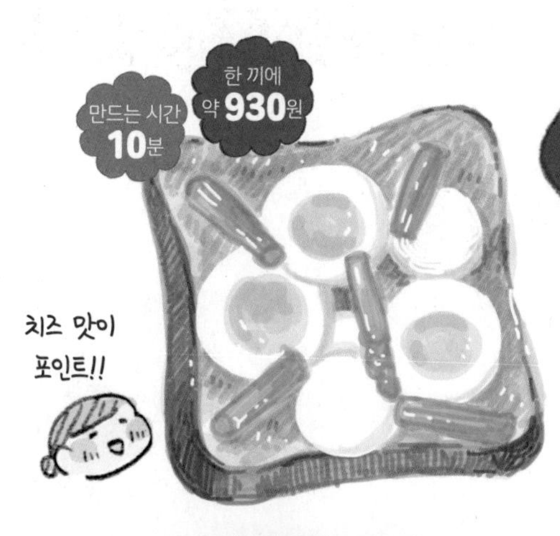

삶은 달걀 + 아스파라거스 + 치즈 가루

레시피

1 삶은 달걀을 가로로 썬다.
2 아스파라거스 2대를 1분 정도 익혀서 5cm 길이로 자른다.
3 빵에 마요네즈 1큰술을 바른 뒤 삶은 달걀, 아스파라거스를 얹는다.
4 치즈 가루 1큰술을 흩뿌리고 토스터에 구워서 후추를 뿌리면 완성.

얇게 썬 사과 + 슈거파우더

레시피

1 사과 1/6개를 1~2mm 두께로 세로로 썬다.
2 1분 정도 구운 빵에 버터를 바른 뒤 사과를 올린다.
3 설탕 1작은술을 흩뿌린 뒤에 토스터로 한 번 더 굽는다.

만드는 시간
10분
한 끼에
약 350원

사과 위에
버터를 더 올려도
맛있어요.

한 끼에
약 760원
만드는 시간
5분

살짝 익힌
토마토가
달콤해요!!

참치 + 방울토마토 + 슬라이스 치즈

레시피

1 빵 위에 마요네즈 1큰술을 바르고 기름기를 따라 낸 참치 캔 1/5 분량을 얹는다.
2 반으로 자른 방울토마토 2개, 슬라이스 치즈 1/2장을 얹어서 토스터에 굽고, 후추를 뿌려서 완성!

밥솥으로 만드는 하이난 치킨 라이스

만드는 시간
45분

한 끼에
약 1,200원

외식하러 들어간 가게에서….

싱가포르 요리 '하이난 치킨 라이스'예요~!

일본풍 생강 소스

밥에 닭고기 감칠맛이 스며들었어~!

생강 맛이랑 잘 맞네~

밥솥으로 간단히 만들 수 있잖아!

만들어 봐야지!

레시피

재료

- 닭가슴살 1장
- 쌀 3컵(180㎖ 기준)

양념

★
- 마늘 반쪽 분량 간 것
- 생강 간 것 1작은술
- 치킨 스톡 1큰술

* 머라이언(Merlion): 상반신은 사자, 하반신은 물고기의 형상을 한 싱가포르의 상징물.

* 쯔유(つゆ): 간장에 맛술, 설탕 등을 더해서 감칠맛과 단맛을 끌어올린 일종의 맛간장. 중대형 마트나 인터넷에서 구매 가능.

조리기 전에
볶아 두면
빨리 익어서
편리해요.
포인트!
레시피
① 냄비에 참기름
1작은술을 넣고
중간 불에
삼겹살과 무를
넣어 1분간 볶는다.
무는 껍질을
벗겨서
2cm 길이로
자르고 4등분.
삼겹살은
5cm 폭으로
자른다.
조림은 온도가 내려가면서
재료에 간이 배어드니까
많이 만들어 두었다가 먹으면
더 맛있답니다.
쟁여 두는
반찬으로
추천!
여름은 2일
겨울은 4일 정도
냉장고에 두고
먹을 수 있어요.
② 물 100cc와
양념을 모두 넣고
뚜껑을 덮어
10분간 조린다.
보글
보글
호호호
착실하고 야무진 어른,
그런 느낌···.
조림 반찬을
만들면
'집밥 차려
먹었다~'는
기분이 든다니까.
망상이
부푸는
식사
였습니다.
삼겹살의
감칠맛을 머금은
무, 맛있어~!!
따끈 따끈

조림은 이틀날 카레로 재탄생
만드는 시간
10분
한 끼에
약 430원
카레
카레
매운맛 1팩 3,800원.
(고형, 12조각)
잔뜩 만든
조림을
소진하기
위해서는….
삼겹살 무조림
어제 만든 조림.
아직 이틀 먹을
양은 남았어요~!
레시피
① 한 끼분의
조림+물 200cc에
쯔유 2큰술을
넣어서 끓이면….
무 4조각,
돼지고기
2조각 정도.
생강
1인용
작은 냄비
② 불을 끄고 고형 카레
1조각과 생강 간 것
1/2작은술을 넣고 다시
한 번 끓이면 완성!

주요리를 순식간에
만들었으니
곁들일 샐러드도
만들어 봅니다!
단호박과
감자 샐러드
만드는 시간
10분
한 끼에
약 750원
재료
(2~3끼분)
• 감자 1개
• 단호박 1/6개
① 감자와 단호박은
껍질째 한입
크기로 썰어서
전자레인지에
익힌다.(500W의
경우 6분간)
② 감자의 껍질을
벗겨서 볼에 넣고
숟가락으로 으깬다.
완전히
으깨지지 않은
게 좋아서
숟가락으로!
샥
샥
③ 마요네즈 3큰술 소금, 후추,
드라이 바질을 약간씩 넣어서
섞으면 완성!
카레 맛이 밴 무 맛이
그만이에요!!
훌륭한 카레로 새롭게
태어났어!!
덤으로
설거지
팁!
냄비에 카레 따위가 눌어붙은
얼룩은 물에 베이킹소다
2큰술을 넣어서 끓여 뒀다가
설거지하면 간편하게 해결할
수 있답니다!
부글부글
베이킹
소다
열기가
식도록 30분
정도 방치.

만능! 약고추장
만드는 시간 20분
한 끼에 약 830원
바야흐로 직장인이 되고 2년째가 되었을 무렵….
스물다섯 살 무렵
집밥을 먹고 싶지만
날마다 요리하는 건 귀찮아….
쟁여 두고 먹을 만한 아이템을 하나쯤 마스터하고 싶어!!
여러모로 응용할 수 있고 단품으로도 먹을 수 있는…
약고추장이 끌리는데!
저장 식품
레시피
새송이버섯으로 볼륨을 더하고 유후~
맛있어!!
그렇게 한 달에 한 번은 꼭 만드는 단골 메뉴가 되었답니다!

레시피

① 프라이팬을 중간 불에 올리고 참기름 1작은술을 두른 뒤 파와 다진 돼지고기를 넣고 하얗게 될 때까지 볶는다.

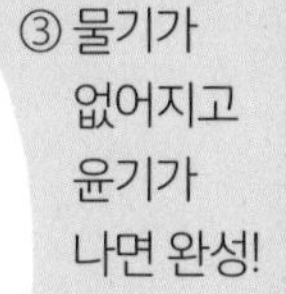

사전 준비

• 새송이버섯과 파를 다져 둔다.

재료

• 다진 돼지고기 300g
• 새송이버섯 2~3개
• 파 흰 부분 5cm 정도
• 생강 1작은술

② 새송이버섯을 넣고 2분 정도 볶은 뒤에 **물 30cc, 설탕 1큰술, 간장 2큰술, 맛술 1큰술, 생강 간 것, 1작은술, 고추장 1작은술**을 넣어서 물기가 없어질 때까지 3~4분 볶는다.

③ 물기가 없어지고 윤기가 나면 완성!

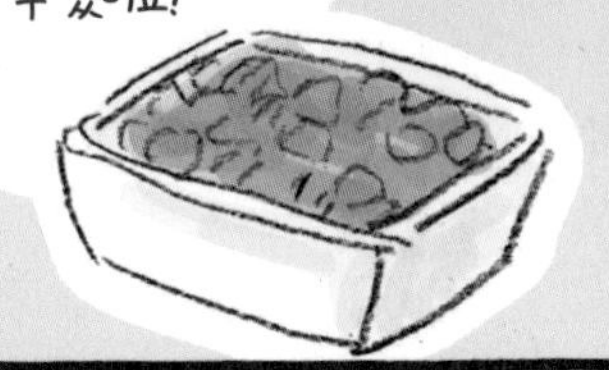

언제나 '약고추장 재료 세트'를 준비해 두고 있답니다.

요즘은 언제든 약고추장을 만들 수 있도록 냉장고 안에

갓 완성된 약고추장을 따끈한 밥에 올려 먹으면! 간간한 맛에 그 자체로 반찬이 되지요!

월 약고추장 무즙 우동

레시피

1 양배춧잎 1장, 소송채 1/2묶음, 숙주 1/4봉지를 끓는 물에 1분 30초 데쳐서 체에 밭친 뒤에 양배추와 소송채는 5cm 길이로 썰어서 깨를 뿌려 둔다.

2 무는 3cm 정도 되는 분량을 갈아 둔다.

3 우동 사리 1인분을 익힌 것에 쯔유 100cc를 끼얹고 야채와 약고추장을 고명으로 얹어 함께 먹는다.

화 약고추장 두부볶음

레시피

1 두부 1/2모를 3cm 크기로 깍둑썰기한다.

2 프라이팬을 중간 불에 올려서 두부와 약고추장 한 끼분을 넣고 2분간 볶는다.

3 쯔유 1큰술을 넣어서 30초 볶은 뒤에 깨를 뿌리면 완성.

일본풍 마파두부

레시피

1 파 3cm, 마늘 반쪽을 다진다.

2 박력분을 물 20cc에 풀어 둔다.

3 프라이팬을 중간 불에 올려서 **1**의 파, 마늘과 약고추장 한 끼분, 간 생강 약 1작은술 정도, 두반장을 조금 넣어 30초간 볶는다.

4 100cc의 물, 치킨 스톡 1/2작은술, 두부 1/2모를 듬성듬성 썰어 넣고 2분간 익힌다.

5 설탕 1작은술, 간장 1큰술, 고추장 1/2작은술을 넣고 2의 밀가루 물을 더해서 살짝 끓여 완성.

목

약고추장 치즈 토스트

레시피

1 빵에 마요네즈 1작은술을 펴 바르고 약고추장 적당량을 얹는다.

2 채 썬 양배춧잎 1/2장과 슬라이스 치즈 1/2장을 올려서 토스터에 굽는다.

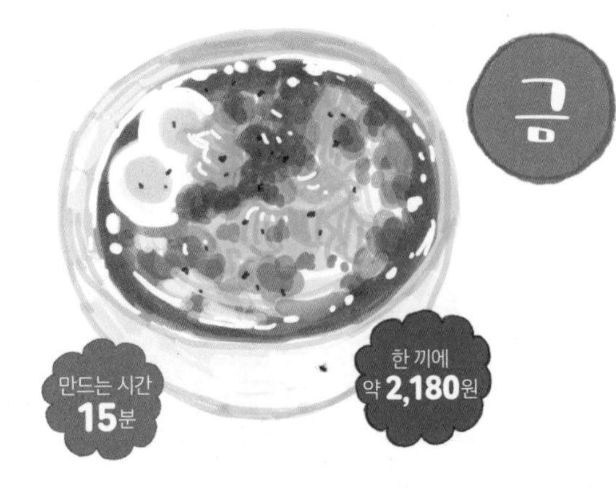

금

라멘의 토핑

레시피

1 양배춧잎 1장을 한입 크기로 자른다.

2 약고추장 한 끼분, 썬 양배추, 숙주 1/4봉지 분량에 약간의 소금, 후추를 뿌리고 강한 불에 1분간 볶는다.

3 라멘의 토핑으로 올린다!

양배추 듬뿍 안초비 파스타
만드는 시간
15분
한 끼에
약 1,690원
하지만
딱히 누구랑
만날 약속은
없는!
이런 날에는….
집에
도착~!
장미
불금을
실컷
즐겨야지~!
예~
내일은
쉰다아~!!
금요일에는
기분이 업!
됩니다.
요요요
재료
• 불고기용
돼지고기 40g
• 양배추 1/6개
• 마늘 1쪽
• 소송채 1/2묶음
마늘은
껍질을 벗겨서
냉동해 놓은 걸
사용합니다.
마늘을
잔뜩 넣은
파스타가
제격이죠!
OLIV OIL

레시피
① 프라이팬을 약한 불에 올리고 얇게 썬 마늘을 1분간 볶는다.
② 돼지고기를 넣고 중간 불로 키워서 고기가 하얗게 될 때까지 볶는다.
③ 큼직하게 썬 양배추와 5cm 길이로 썬 소송채를 넣어서 뚜껑을 덮고 3분 정도 익힌다.
양배추 양이 산더미처럼 보이지만 부피가 금세 줄어드니까 안심하세요~!
듬뿍듬뿍
④ 뚜껑을 열어서 안초비 페이스트 2/3작은술 정도와 버터 한 조각, 간장 1큰술을 넣고 삶은 파스타를 집어넣어서 섞으면 끝!
오늘 밤은 마늘의 축제로다!!
마늘 향~ 식욕이 당기는구나아~!
질리지 않고 먹고 또 먹게 되는 맛!!
마늘에 안초비, 버터까지!
마늘은 역시 최고야~!!
다 먹은 뒤에는 본격적으로 즐기는 불금!!
아아, 자유로운 이 시간!!
인터넷
만화

프라이팬으로 에그 치즈 토스트
만드는 시간
5분
한 끼에
약 630원
요즘 저는
아침 식사로
프라이팬에 빵을
구워 먹는데요.
그 맛에 푹 빠져
있어요.
하웅~
AM 6:30
아직 잠꼬대 중
냉동해 둔
식빵.
부스럭
부스럭
레시피
① 식빵을
전자레인지에
넣어 해동한다.
600W의 경우
1분~1분 30초
뿅!
② 테두리를
남기고 칼로
잘라 내서
속을 빼낸다.

③ 프라이팬을 달군 뒤 빵의 테두리를 올리고 버터 한 조각을 넣은 뒤에
치익~
소금
후추
테두리 안에 달걀을 깨 넣고 소금 후추를 살짝 뿌린다. (달걀을 익히는 정도는 취향에 맞게!!)

④ 슬라이스 치즈 1/2장을 얹고 취향에 따라 토핑도 올린다.
햄
참치
감자 샐러드 등등

⑤ 마요네즈를 조금 올리고 남겨 둔 빵의 속살로 뚜껑을 덮은 뒤 뒤집어서 양면을 굽는다.
포인트!
뒤집은 면은 금세 타기 쉬우니까 주의!
⑥ 뒤집개로 절반을 자르면
열기로 치즈가
사르르…
완성!
살짝 고급스러운 느낌.
프라이팬을 쓰면 굽는 정도를 조절할 수 있어서 재미있어요.
하아~
카페오레와 함께 잘 먹겠습니다!
바삭 바삭
바삭바삭하게 씹히면서!! 속은 폭신폭신!

제육단호박볶음

만드는 시간
15분

한 끼에
약 400원

단호박이
먹기 싫었지만…

자취를 시작하고부터
자주 사게 되었죠….

한입 크기로 자른
돼지고기에 박력분을
가볍게 뿌려 두면
맛이 쉽게 배어들어요.

사전
준비의
포인트!

재료
(2끼분)

양념

- 설탕 1큰술
- 간장 2큰술
- 맛술 1큰술

섞어 둔다.

- 불고기용
돼지고기 50g
- 단호박 1/8개

단호박은
씨가 있는 부분을
파내고 얇게 썬다.

레시피

① 프라이팬을 중간 불에 올리고 참기름 1큰술을 두른 뒤 고기와 단호박을 올린다.

② 뚜껑을 덮고 뒤집어 가면서 3분간 굽는다.

③ 단호박이 익으면 양념을 뿌리고 불에서 내린다.

시금치 나물
(2끼분)

① 시금치 1묶음을 끓는 물에 뿌리 쪽부터 데친 뒤 1분 후에 잎 쪽까지 넣는다.

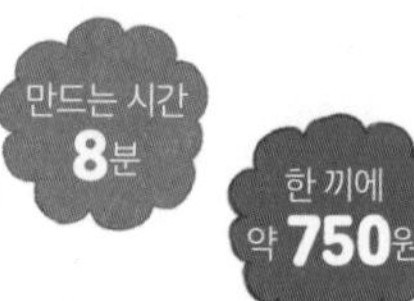

② 잎 쪽을 넣고 30초 후에 건져서 흐르는 물에 헹군 뒤 물기를 짜서 5cm 길이로 자른다.

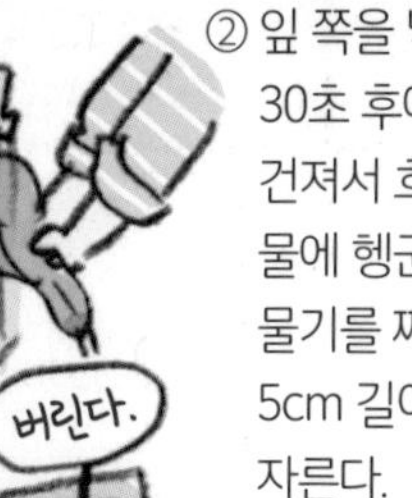

참기름 1큰술 소금, 후추 약간과 치킨 스톡 약간을 섞어서 무치면 완성!

포근포근한
단호박의
달콤한 맛에
밥이 술술~!

그러고 보니
최근에 할머니를
찾아뵀을 때…

마리코도
이 맛을
아는 나이가
되었구나.

집밥을 만들어
먹으며 비로소
감사의
마음을
깨달았어요.

* 혼다시(ほんだし): 가츠오부시(가다랑어포)의 맛을 농축시킨 분말 형태의 양념. 중대형 마트나 인터넷에서 구매 가능.

추천! 미소 된장국 BEST 3

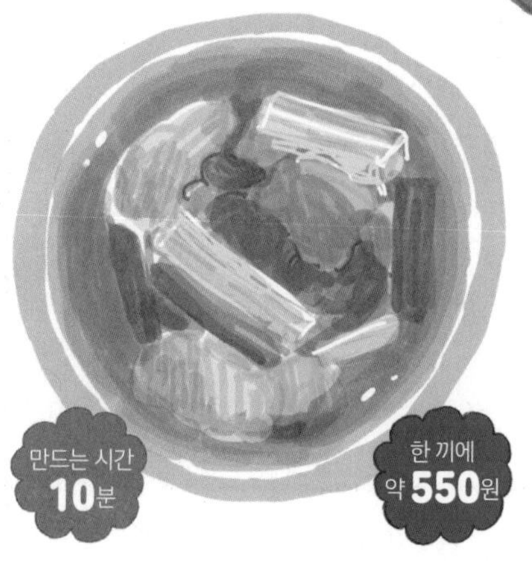

건더기 듬뿍! 제육 장국

재료(2끼분)

삼겹살 30g, 무 5cm 분량(껍질 벗긴 것),
당근 1/2개, 양배추잎 3장, 유부 1장(정사각형 형태 기준)

레시피

1 건더기용 재료를 깍뚝썰기한다.
2 냄비를 중간 불에 올리고 참기름 1작은술에
건더기를 1분간 볶는다.
3 장국 국물 조리는 옆의 레시피(A)를 참조.
4 깨를 뿌려서 완성한다.

버터 풍미 감자 장국

레시피

1 감자 1개를 껍질을 벗기고 한입 크기로 썬다.
2 물 200cc+혼다시 1/3작은술에 감자를 넣고
5분간 끓인다.
3 감자가 익으면 불에서 내리고 미소 된장 1큰술을 푼다.
4 그릇에 담고 버터 약간 올린 뒤 후추를 뿌려 완성한다.

양파와 소송채 장국

레시피

1 양파 1/6개와 소송채 1/2묶음을 한입 크기로 자른다.
2 물 200cc+혼다시1/3에 위의 야채를 넣고
2분간 끓인다.
3 야채가 익으면 불을 끄고 미소 된장 1큰술을 푼다.
4 그릇에 담고 텐까스* 소량을 올린다.

*텐까스(天かす): 우동 따위의 고명으로 쓰이는
튀김옷 부스러기. 인터넷에서 구매 가능.

프라이팬으로 일본풍 삼겹살구이

만드는 시간 15분

한 끼에 약 1,950원

오늘은 고기 구워서 혼밥에 혼술 할 거예요!!

소고기는 비싸니까 돼지고기로!

인덕션레인지로 고기를 제대로 굽기는 까다롭겠지만,

프라이팬으로 도전해 봅니다!

사전 준비

- 단호박과 피망은 씨를 발라낸 뒤에 단호박은 1cm 폭으로 피망은 길쭉하게 썬다.
- 삼겹살은 5cm 폭으로 썬다.
- 마늘은 저며 둔다.

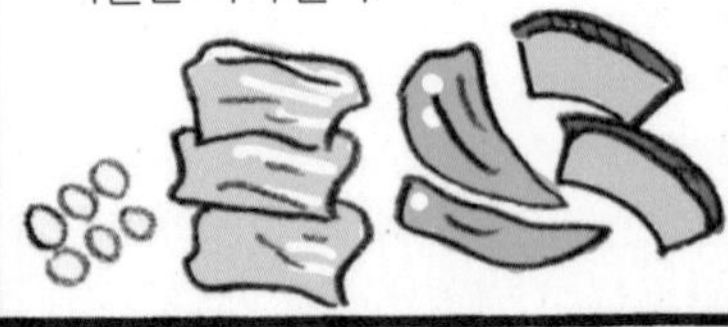

재료

- 삼겹살 100g
- 단호박 1/8개
- 피망 2개
  (그 외 각자 좋아하는 채소 새송이버섯, 양파, 꽈리고추 등)
- 마늘 1쪽

레몬즙, 무즙 (있는 경우)

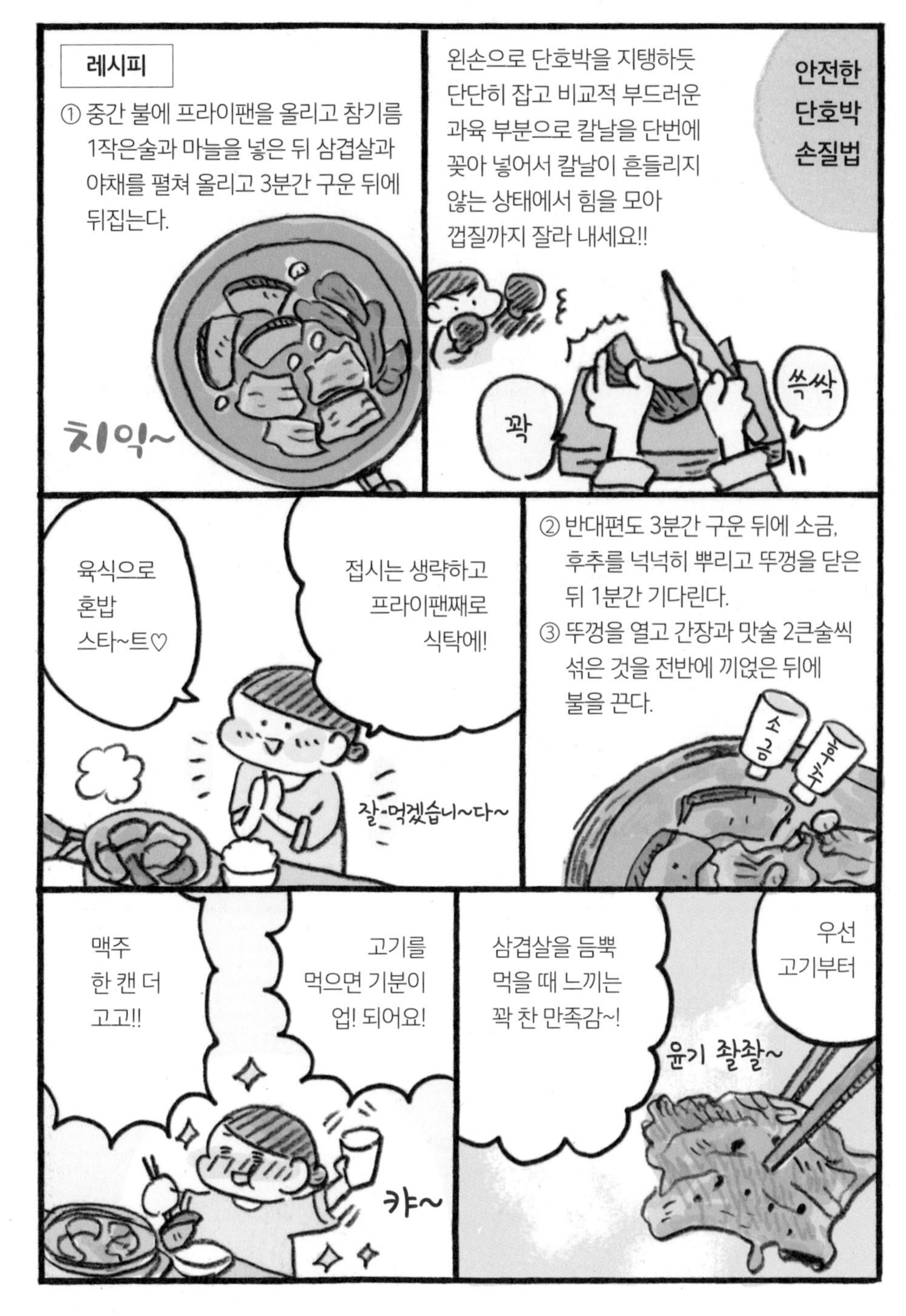
레시피
① 중간 불에 프라이팬을 올리고 참기름 1작은술과 마늘을 넣은 뒤 삼겹살과 야채를 펼쳐 올리고 3분간 구운 뒤에 뒤집는다.
치익~
안전한 단호박 손질법
왼손으로 단호박을 지탱하듯 단단히 잡고 비교적 부드러운 과육 부분으로 칼날을 단번에 꽂아 넣어서 칼날이 흔들리지 않는 상태에서 힘을 모아 껍질까지 잘라 내세요!!
꽉
쓱싹
육식으로 혼밥 스타~트♡
접시는 생략하고 프라이팬째로 식탁에!
잘~먹겠습니~다~
② 반대편도 3분간 구운 뒤에 소금, 후추를 넉넉히 뿌리고 뚜껑을 닫은 뒤 1분간 기다린다.
③ 뚜껑을 열고 간장과 맛술 2큰술씩 섞은 것을 전반에 끼얹은 뒤에 불을 끈다.
소금
후추
맥주 한 캔 더 고고!!
고기를 먹으면 기분이 업! 되어요!
캬~
삼겹살을 듬뿍 먹을 때 느끼는 꽉 찬 만족감~!
우선 고기부터
윤기 좔좔~

실패하지 않는 치킨 데리야키
만드는 시간
15분
한 끼에
약 340원
처음 자취를
시작한 대학생
시절에는 요리에
능숙한 편이
아니었지요.
핫케이크를
날마다 먹기도 하고
그 덕에
살도 찜
야채는 먹다 남아서
썩어 가고
일주일 내내
카레만
먹거나
시들시들~
많은 사람들이
'양념의
황금 비율'을
얘기하는데….
레시피를
찾고 있던
무렵에…
그게 뭘까…!?
몇 번이나
찾아본 끝에
도달하게 된
비결은….
COOK
pad
그런 제가
직장인이 되고 나서
처음으로 레시피
없이도 만들 수
있게 된 게
바로 이 요리!
간단한데?!
스물세 살

재료 (3끼분)

양념

간장 2큰술
설탕 2큰술
맛술 1큰술
(섞어 둔다.)

• 닭다릿살 1장

설탕 맛술 간장
2:1:2

제가 찾은
치킨 데리야키
양념의
황금 비율!!

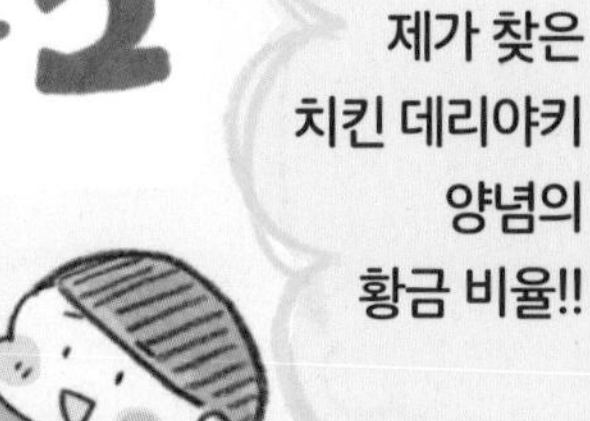

레시피

① 닭다릿살은 한입 크기로 잘라서 칼끝이나 포크로 껍질 쪽부터 3~4곳 정도 찔러 둔다.

② 프라이팬을 중간 불에 올리고 올리브유 1작은술을 둘러 껍질 쪽으로 고기를 올린 뒤 뚜껑을 닫고 앞뒤로 3분씩 굽는다.

③ 고기가 익으면 양념을 넣고 젓가락으로 뒤섞으면서 1분 정도 졸이면 완성!

자취를 시작하기 위한 두 가지 준비

＊토큐핸즈(東急ハンズ): 인테리어 용품과 잡화를 다양하게 구비한 체인 쇼핑몰.

＊ 콘소메(コンソメ): 맑은 고깃국물의 맛을 농축해 놓은 양념의 일종. 인터넷에서 구매 가능.

마지막으로
양념들을
둘 위치를
정해야지!
천원숍에서 산
플라스틱 바구니
맛술
쯔유
소금, 후추, 설탕은
쓰기 편한 용기에
바꿔 담아서….
공기에 접촉하면
덩이가 생기니까
소량씩 담는 게
좋아요.
후추
소금
설탕
천원숍의
용기들
새로 산 것까지
싹 정리하고
보니까
이 부엌도
수납공간이 꽤
있어서 생각보다
쓰기 편한 것
같은데…!
필요한 것도
갖췄더니
의욕이 뿜뿜!
이제 요리 많이
해야지~!!
자취
재출발!!
오늘부터
심기일전!
집밥 만들기
파이팅~!!

우리 집 부엌 대해부

3년간의 자취로 이렇게 되었습니다

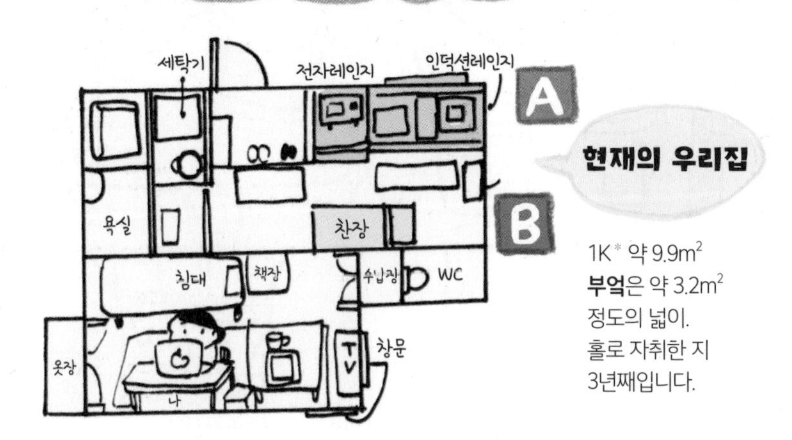

현재의 우리집

1K* 약 9.9m²
부엌은 약 3.2m²
정도의 넓이.
홀로 자취한 지
3년째입니다.

B 구역

전기주전자는
바쁜 아침에
편리하죠.

본가에서
가져온 **찬장**.
식기는 이 안에
수납되는 양만
쓰고 있어요.

* 1K: 방 1개 + Kitchen의 준말로 부엌이 분리되어 있는 원룸을 의미.

1구 인덕션레인지
막상 써 보면
생각보다 편해요.
A 구역
전자레인지 600W
(오븐 기능 없음)
토스트는
구울 수
있어요.
냉장실은
금방 먹을
식재료만
넣어서
넉넉합니다.
냄비 뚜껑류는
걸어서 수납!
(천원숍에서
구입한
수납 도구)
냉동실은
가득가득!!
수도 위편 수납공간
선반장 안은 스톡류, 캔류 및
청소 용구 등등.
휴대용 버너,
질냄비 등.
고등어
콩
참치
홀토마토
세제
(리필 용기)
스펀지
레토르트식품, 분말류,
우동(건면), 파스타 등등.
스파게티
카레

애용하는 식기들

항상 쓰는 식기

노다 법랑

법랑 식기는 냄새가 배지 않고 깔끔해 보여요!

밀폐 용기
아웃렛에서 1만2,000원에 구입!

SORI YANAGI

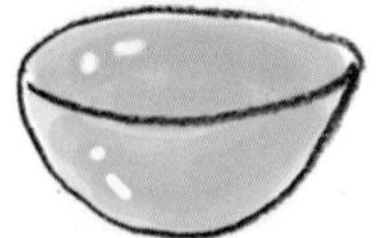

볼(소형) 1만800원.
쓰기 딱 좋아요.
드레싱을 만들고
채소를 넣어서 섞은 뒤에
식탁으로 직행!

다이소

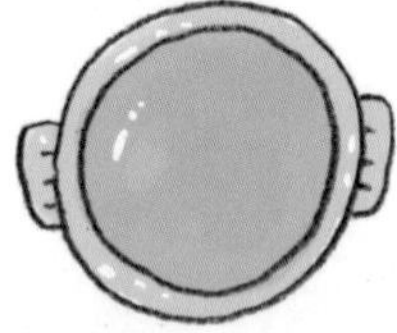

베이지색
그라탱 용기
최근에 들여왔어요.

종지 2개
소스를 넣기에
좋아요!

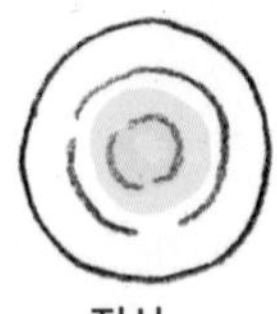

접시

무인양품

법랑 용기 1만 원.
밑반찬을 넣어요.

뚜껑째 전자레인지
이용 가능한 **용기**(소형) 5,000원.

국그릇
1만 원
된장국용.

밥그릇
5,500원.

젓가락도 MUJI
7,000원.

천원숍 계열

세리아

북유럽풍 작은 접시
간식 타임에~!

선물 받은 식기들

더 콘란 숍*

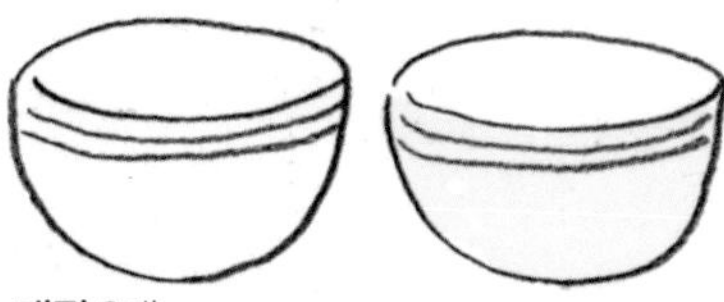

대접 2개
은은한 색감이 예쁜 그릇.
파스타나 덮밥류를 담아요.

친구의 여행 기념품

소바용 **유리 용기.**
빛깔이 근사해요!
여름에 자주 쓰죠.

애프터눈 티 리빙*

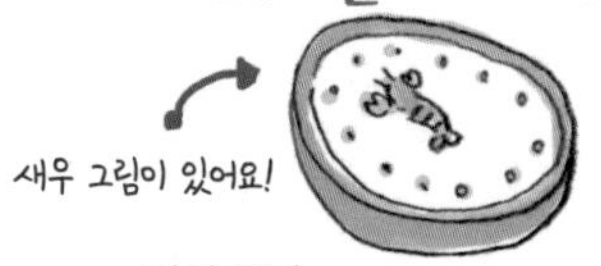

내열 용기
채소를 전자레인지에 돌릴 때 유용!

본가에서 온 것

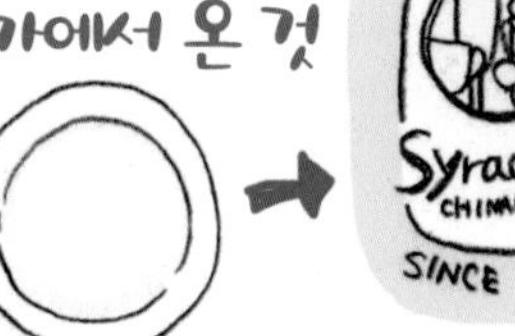

하얀 접시
아침 식사 때 자주 쓰죠.

여행지에서 사 온 것

from 홋카이도

사과 모양
젓가락 받침

풋콩용 **유리 볼**
※ 아직 '풋콩'을 넣어 본 적은 없지만요….

IKEA

365+ 시리즈

365일 쓰기 좋은
심플한 **용기**
개당 1,990~2,990원.
라멘이나 국물 음식용.

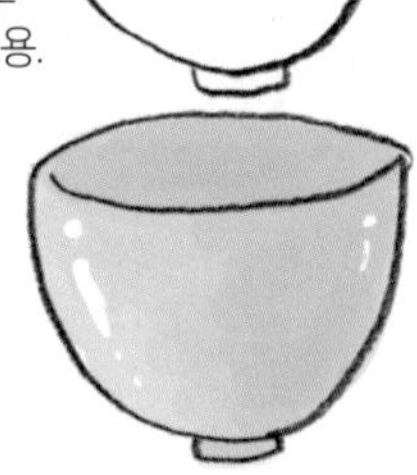

∗ 더 콘란 숍(The Conran Shop): 영국의 인테리어 및 생활 잡화 편집숍.
∗ 애프터눈 티 리빙(Afternoon Tea LIVING): 생활 잡화 브랜드.

20만 원으로 즐기는
혼밥 한 달 생존기

30m

제 2 장

월 중순의 슬렁슬렁 레시피

식비 10만 원 관리법
2년 전에 식비 총예산을 월 20만 원으로 정했을 때….
기왕 하는 김에 한번 제대로 해 보겠어!!
도서관에서 빌려 온 책
절약 노하우 따라잡기
가계
가계 운용과 절약에 대한 책도 다양하게 읽고 몇 가지 규칙을 정했습니다.
포인트 1
예산은 만 원권이 관리하기 쉽다.
① 매월 1일에 일반 식비용 10만 원을 만 원권 10장으로 찾아온다.
은행 ATM
외식비는 별도로 10만 원.
② 일주일마다 2만 원씩 클립으로 집어 둔다.
예비비
예비비 2만 원은 쌀이나 양념이 떨어졌을 때 사용합니다.
olive oil
2kg
일주일 동안 쓸 2만 원만 지갑에 넣어 둔다!
일주일간 사용할 식비가 한눈에 보여서 계획을 짜기 수월해요!

…가능을
넘어 전보다
야채와 고기도
의식해서
빼먹지 않고
사게 되었던 것!!
의외로
가능하잖아!!
4/30
처음엔 상황을
살피면서도
사고 싶은 걸
사면서 한 달간
생활을 해
보았더니….
일주일간 2만 원으로
정말 괜찮으려나~
드디어
일반 식비
10만 원 생활
스타-트!!
2년 전의 나
포인트 2
영수증으로 식재료를 관리한다.
① 장을 보고 나면
영수증을 챙긴다.
마켓
당근
우유
마켓~
직접
요리하는 일도
늘어나니까
정말 괜찮은 듯!
앞으로 계속
이어 가기 편한
규칙을 만들어
가야지!!
불끈
냉장고에 뭐가
있는지 알기
쉬워서 식단을
구성하기도
좋아요.
냉동시켰으면
냉동 이라고
표시하고
지운다.
③ 다 사용한
식재료는 선을
그어서 지운다.
닭가슴살 냉동
양파
당근
② 영수증을 수첩
(주 단위로 구성된
것)에 클립으로
고정한다.

마트에서
고기가 싸지만 아직 닭가슴살이 남아 있으니까 패스!
홀토마토 캔을 사서 닭가슴살과 요리해 먹어야지!!
맛있어~♡ 이걸로 닭가슴살 사용 완료!!
사 둔 재료도 남김없이 쓰게 되었답니다.
포인트 3
식재료를 모두 소진한 영수증은 수첩에서 떼어 내서 남은 식비가 들어 있는 서랍에 보관한다.
클립으로 집어 둔 식비
영수증
영수증은 매월 마지막 날에 한꺼번에 버려요!!
샥~
한 달간 이렇게 애썼답니다~★
개운한 기분!!
포인트 4
식비 구매 내역은 곧장 가계부 앱에 입력해 둔다.
가계부 앱
자동으로 계산해 주고 그래프로도 보여 주니까요!!
오늘
이번 달
식비
합계 3,980원
집세
외식비
식비
이렇게 편리할 수가!!

일반 식비
10만 원 생활에
익숙해졌을
때쯤에는
월 중순에
한 번씩
식비 재점검의
시간을
가졌습니다.
15일이다!
이번 달은 느낌이
어떤지 볼까~?
어디 보자….
간식거리
수첩
서랍 속
남은 식비
앱
앱과
수첩을
나란히
두고
비교해서
월 중순에 일반 식비가
4만 원 정도…
5만 원 이하니까 OK~!
이번 달도
잘 넘어갈 것 같아!!
아직 6만 원 정도
남았으니까
수입 식품점에서
특이한 향신료를 사서
새로운 요리에
도전해 볼까 봐.
후후후
생각만 해도
좋아~
수첩
10000
아니면
와인을 1병 사고
안주를 만들어서
혼술 타임을
가져 볼까…?
예산을 정한 탓에
생활이 빡빡해지는 건
싫은데~ 하고
생각했지만….
어쩐지 전보다
자취 생활을 느긋하게
즐기는 듯한
기분이 듭니다~!
10000
내일은
수입 식품점에
들르자~!!
기대~
기대~
10000
한 달 총식비
20만 원 생활,
예상보다
즐겁답니다!!

수입 식재료 쇼핑으로 기분 전환
최근에 가까운 전철역 근처에 생겨서 한 달에 한 번은 들러요.
KALDI COFFEE FARM
KALDI COFFEE FARM은 여러 가지 원두뿐만 아니라 다양한 수입 식품을 판매하는 곳입니다.
한동안 원두만 사던 날들이 있었지만….
원두 200g 갈아서 주세요.
네~
어느 날…
이탈리아 페스티벌
SALE! ~ 1/31
이달 말까지 이탈리아 식재료 세일을 하네.
칼디(KALDI)에서 때때로 수입 식품 세일 이벤트를 한다는 것을 알게 되었어요.
짜잔~
TOMATOMATO
TOMATOMA
SALE!
홀토마토 캔 엄청 싸잖아!!!

처음으로 식재료를 사고 나서 그 맛에 놀랐어요….
토마토소스 맛이 진해~!
어머!?
히트다, 히트
오늘은 토마토소스 파스타를 만들어야지!
1,650원이라고 하니까~
파스타 가격도 괜찮아!! 그럼 사야지!!
프라이팬에 고기랑 야채를 볶아서 페이스트를 넣고 30분간 뭉근히 끓이기만 하면~
이런 때에는 칼디에서 산 태국 카레 페이스트를 개시!
그렇지만 이번 달 외식비가 얼마 안 남았다는….
오늘따라 태국 카레가 엄청 먹고 싶어!!
그 밖에도…
Roi Thai
이국적인 음식을 저렴한 가격에 만들어 먹을 수 있어서 추천합니다.
조리는 간단하면서도 제대로 된 맛이 나죠~!
태국의 향기…
사 먹는 것 같은 태국 카레를 직접 만들 수 있어요!
고수

* 가파오(ガパオ): 육류와 태국 허브를 볶은 것을 주재료로 한 볶음밥이나 덮밥의 총칭.

늘 사서
쟁여 두는 것
말고도 이것저것
담았네….
감사합니다~
새로 나온
고수 맛
감자 칩
등등….
고수 맛
감자 칩
KALDI
매장
안을
어슬렁
거린 지
약
30분…
이거
맛있겠다~
NEW
칼디에서
구매한 뒤
늘 쟁여
두는 것들
오리지널
스파이스
흑후추, 바질 등등.
봉지에 들어 있어요.
SPICE
SPICE
올리브유
Olive oil
맥주 특이한 맥주가 많아요.
LEMON BEER
白濁
벨기에
스타일 맥주.
KALDI
커피
스파게티
식감이
쫀득쫀득.
Bruno
La Tomato
홀토마토 캔
칼디 세일!
곧
세일이다….
헤헤…
요즘은 방문 전에
홈페이지에서
세일이나 신제품 정보를
미리 확인할 정도로
팬이 되었습니다.

밀푀유 나베의 심플 버전,
제육배추찜
만드는 시간
10분
한 끼에
약 700원
배추랑
돼지고기를
포개 놓고
약한 불로 30분
익히기만 하는
스타일.
가득가득
저는 3년 전까지
셰어하우스에서
살았답니다.
그때 자주 해
먹었던 게 '배추와
돼지고기로 만든
밀푀유 나베'였어요.
시끌 벅적
간단해서
좋아~
1인분이니까
간단하게
프라이팬에
만들어
봐야지!
질냄비를 쓰면
양이 너무 많아지니까
혼자 살게 되면서는
잘 만들지 않지만….
오랜만에
먹고 싶은 걸~!

* 폰즈 소스(ぽん酢): 유자, 레몬, 라임 등 감귤류의 과즙으로 만든 일본풍 소스. 여기에 간장을 더한 것도 폰즈 소스로 통용됨. 중대형 마트나 인터넷에서 구매 가능.

원기 회복에 제격! 불고기덮밥

사전 준비

고기와 소송채는 한입 크기로 자르고 마늘은 저며 둔다.

재료

- 불고기용 돼지고기 50g
- 소송채 1/2묶음
- 마늘 1쪽
- 소금, 후추 세 번 흩뿌릴 정도

양념

- 간장 2큰술
- 맛술 2큰술

섞어 둔다.

레시피

① 프라이팬을 중간 불에 올리고 참기름 1큰술을 두른 뒤 마늘이 타지 않을 정도로만 볶는다.

② 돼지고기를 넣고 하얗게 되면 소송채의 줄기 부분을 넣어서 1분 볶은 뒤에 잎사귀 부분을 마저 넣어 1분 볶고 소금, 후추, 양념을 끼얹어 섞는다.

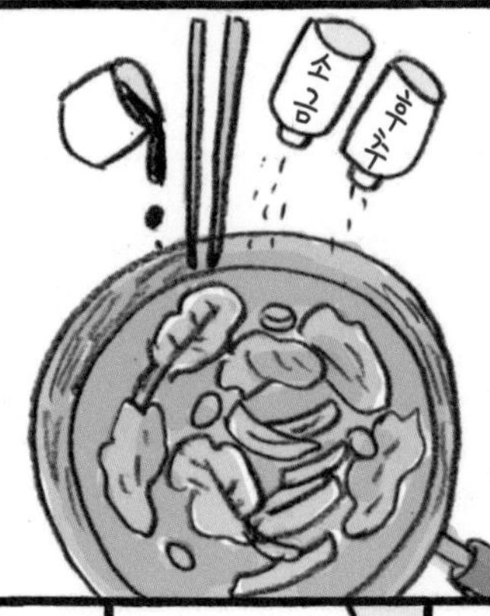

적당히 퍼 담은 밥 위에 올리면 완성!

이 순간만 기다려왔어….

바삭한 마늘이랑 고기의 풍미….

그리고 양념을 머금은 밥….

이거야 이거!

덥석덥석 해치우면!

듬뿍 듬뿍

낮에 저지른 실수는 1초 만에 기억 저편으로~!

냉동 연어로 간편 뫼니에르*

만드는 시간 15분

한 끼에 약 1,600원

염장 연어는
한 토막에 1,000원
이하일 때 두 토막을
사서 냉동해 놓지요.

혼자 자취를
하면 생선은
비싸서 좀처럼
사지 않게
되지만,

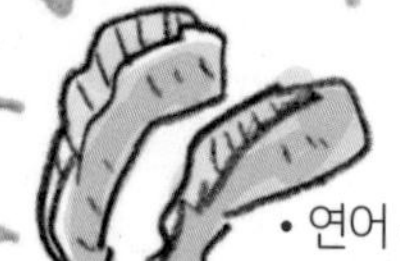

재료 (2끼분)

- 연어 두 토막
- 녹말가루 1작은술
- 청주 2큰술

소스

- 소금, 후추 약간씩
- 드라이 바질 약간
- 간장 2큰술

냉동해 둔
연어는
사용하기 전날
냉장실에
옮겨서 해동해
둡니다.

* 뫼니에르(Meuniere): 생선류를 구울 때 겉면에 밀가루를 묻혀서 맛과 향을 더하는 조리법. 냉동 가자미, 삼치 등으로 응용할 수 있음.

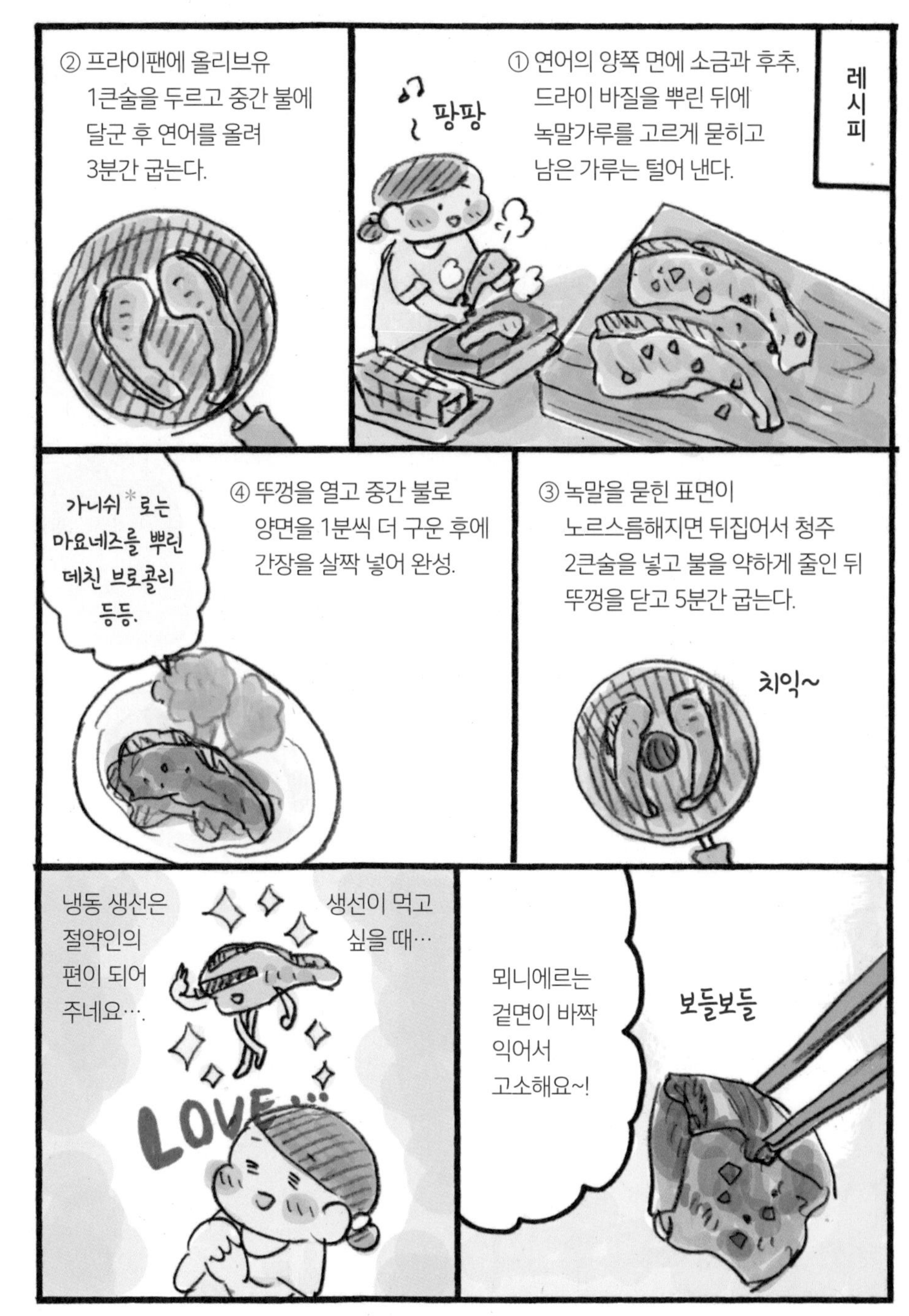

* 가니쉬(Garnish): 주요리를 장식하는 목적으로 곁들이는 식재료.

양파 듬뿍 돼지고기생강구이
만드는 시간
15분
한 끼에
약 650원
덥석덥석
자매들
맞벌이로
바빴던 엄마가
뚝딱 만들어
주셨던 추억의
맛이죠.
맛있어~
많이 먹어라.
엄마
엄마가 해 주신
돼지고기
생강구이는
달착지근했어요.
엄마는 시판 소스에
30분 이상 재워 뒀다가
만들어 주셨지만….
돼지 등심
재료는 불고기용
돼지고기.
소스는 직접
만들어서 구운
뒤에 끼얹는
거로군.
생강이 싸서
사 옴.
스물다섯 살,
처음으로
직접
만들었어요.

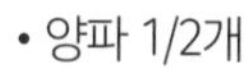

재료 (2끼분)

- 불고기용 돼지고기 100g
- 양파 1/2개

양념

- 설탕 1/2작은술
- 간장 2큰술
- 맛술 1큰술
- 청주 1과1/2큰술
- 생강 다진 것 1큰술 섞어 둔다.

준비

돼지고기는 한입 크기로 양파는 가느다랗게 썰어 둔다.

레시피

① 프라이팬에 식용유 1작은술을 두르고 중간 불에 올려서 돼지고기가 하얗게 될 때까지 굽는다.

② 양파를 넣어서 2분간 더 볶은 뒤 양념을 넣어 30초 구우면 완성~!

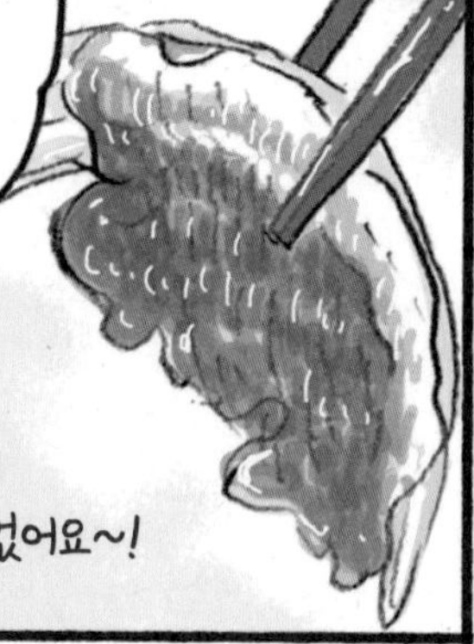

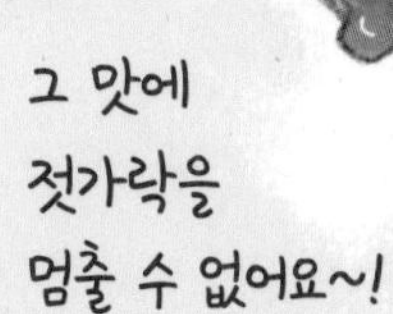

상경 2년째 오즈 마리코, 스물다섯 살 어느 봄날의 일이었습니다….

점심은 도시락파
주요리
약 800원
수프류
약 300원
저녁밥을
여유 있게
만들어서 미리
도시락을 싸 두고
냉장고에 넣어
두고 있어요.
평일 점심은
도시락으로
해결해요.
날마다 싸려면
지치니까
일주일에
세 번을
목표로
하고 있죠.
외식은
질리는데
도시락은
왠지 질리지
않아요.
어제
먹은 기억은
잊고 있음.
제가 먹는
거니까
전날 식사랑
같아도
문제없어요.
그리고
이튿날
먹기 전에
전자레인지에
돌립니다.
삐삐삐~!

애용하는 도시락 물품들

요새 **도시락**은 커서
작은 밀폐 용기로
쓰고 있어요.

아기자기한 맛은 없지만
쓰기 편하니까요….

도시락용 토트백(소형)을
6년 만에 새로 샀어요.
비슷한 모양과 사이즈의
것을 세 번째로 재구매!

도시락용 보자기
3종류 정도
예쁜 거로 1장쯤
더 살까 해요….

수프통
대활약 중!

천원숍 세리아에서 산
작은 케이스.
주로 과일을 넣습니다.

도시락용 밴드
원래는 문구류의
북 밴드였던 제품.

게으름뱅이에게 최적! 수프통 활용하기

즐겨 찾는 가벼운 수프

중국풍 닭고기 야채수프

만드는 시간 **3**분

한 끼에 약 **900**원

재료

닭가슴살 30g, 양파 1/6개, 당근 1/4개,
무 1cm 분량, 소송채 1/4묶음.
모두 한입 크기로 썬다.

양념

치킨 스톡 1/2작은술,
소금, 후추 약간씩,
참기름 한 방울.

뿌리채소와 방울토마토 콘소메수프

재료

베이컨 1/2장, 양파1/6개,
당근 1/4개, 감자 1/2개,
양배춧잎 1/2장, 방울토마토 2개.
방울토마토는 반으로 자르고
나머지 재료는 모두 깍둑썰기한다.

양념

콘소메 큐브 1/2개,
소금 후추 약간씩,
올리브유 한 방울,
(있는 경우) 드라이 바질 약간.

닭안심* 토마토 조림

만드는 시간 **15분**

한 끼에 약 **1,620원**

레시피

① 양파를 가늘게 썰어서 올리브유 1큰술을 두른 프라이팬에서 중간 불에 2분간 볶는다.

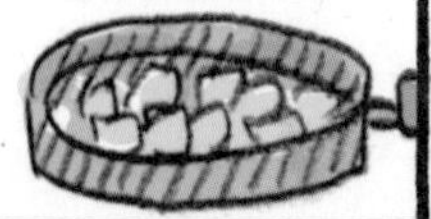

사전 준비

닭안심은 한입 크기로 잘라서 녹말가루를 살짝 뿌려 둔다.

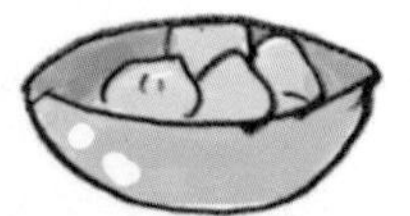

재료 (2끼분)

- 닭안심 2장
- 양파 1/6개
- 슬라이스 치즈 1/2장
- 홀토마토 캔 1/3캔

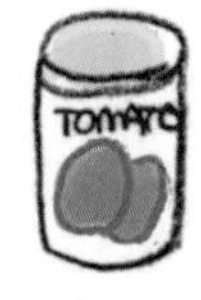

물기가 날아간 뒤에 살짝 후추를 뿌려서 완성!

② 닭안심을 넣어서 2분간 볶은 뒤 홀토마토 캔 1/3캔을 넣고 소금 약간, 간장 1작은술 치즈를 넣어서 5분간 조린다.

* 닭안심: 닭가슴살 안쪽의 부위로 육질이 좀 더 부드러운 편. 인터넷에서 구매 가능.

* 차조기(大葉): 작은 깻잎 모양의 향채. 인터넷에서 구매 가능. 취향에 맞는 허브류로 대체 가능.
* 우메보시(梅干し): 매실을 소금에 절여 말린 장아찌. 짭짤하면서도 신맛이 난다. 중대형 마트나 인터넷에서 구매 가능.

즐겨 만들다 보니
단골 메뉴로 자리 잡은 네 가지 부식

부추를 넣은 달걀말이
쯔유 1큰술, 마요네즈 약간, 우유 약간, 부추 2줄기 종종 썬 것을 달걀에 섞어서 굽는다.
달걀 2개를 풀어서
간단한 부식류는 두세 끼분을 만들어서 쟁여 둡니다.
도시락에도 넣고 안주로도 먹어서 편리해요!
담으면 끝~
양배추 올리브유 무침
1분간 데친 양배추 1/8개분을 한입 크기로 자른다.
올리브유 1큰술, 설탕, 소금, 후추 약간씩, 청주 1큰술을 잘 섞어서 무친다.
피망 숙채절임
① 피망은 꼭지와 씨 부분을 떼고 한입 크기로 썬다.
② 프라이팬에 참기름을 두르고 강한 불에서 1분 볶은 뒤 쯔유 3큰술을 끼얹고 가츠오부시를 뿌린다.
피망 4개분
안초비 갈릭 포테이토
① 감자 2개의 껍질을 벗겨서 한입 크기로 자른 뒤 600W의 전자레인지에서 2분간 익힌다.
② 올리브유 2큰술을 두른 팬에 저민 마늘 1쪽을 넣고 약한 불에서 30초간 볶는다.
③ 감자를 넣고 안초비 페이스트 1작은술, 간장 1큰술을 넣고 중간 불에서 30초 볶으면 완성!
감자는 2개분

프라이팬으로 뚝딱! 여름 야채 카레

만드는 시간
20분

한 끼에
약 950원

무더위에 힘들긴 하지만
생명력이 흘러넘치는
계절이니까요.

계절 중에서
여름을 좋아해요.

도서관으로 가는
둑길.

여름에는
야채가
많이 나니까
저렴해서
좋아요!!

토마토 5개
980원

가지
980원

후후훗
많이 사야지~

그극…

아~
여름 야채가
먹고파…!

결론은,
먹을 생각

침 질질

재료 (2끼분)

- 양파 1/2개
- 가지 1개
- 방울토마토 6개
- 단호박 1/8개
- 꽈리고추 4개
- 닭가슴살 50g

사전 준비

양파는 잘게 썰고, 단호박은 씨를 파낸 뒤 5mm의 두께 한입 크기로, 방울토마토는 꼭지를 떼고 반으로, 가지는 꼭지를 떼고 듬성듬성, 닭가슴살은 한입 크기로 썰어 둔다.

① 프라이팬에 올리브유를 1큰술 두르고 중간 불에 데운 뒤 닭가슴살과 양파를 넣어서 2분간 볶는다.

② 남은 재료를 모두 넣고 2분간 볶다가 닭고기가 하얗게 되면 물 250cc를 넣어서 끓인다.

③ 끓어오르면 거품을 걷어 가면서 5분간 푹 끓인 뒤에 불을 끄고 고형 카레 1조각을 푼 뒤에 다시 불을 올리고 간 생강 약간과 간장을 한 방울을 떨어뜨려 향을 더한다.

더위를 탈 때에도
먹고 싶어지는
기특한 카레!!

진한
야채의 맛!!

토마토가 좋아.

←수건

그나저나
에어컨은
언제부터
틀어야
할까나~!

30도를 넘기면!!

쯔유로 만드는 여름 야채 숙채절임
만드는 시간
30분
한 끼에
약 420원
카레 만들고 남은 야채밖에 없지만 문제없어요!
냉장고 시원해···
그런 연유로 안주를 좀 만들어 보려 해요!
맥주 마시고 싶어!!
덥다 더워!!
땀 질질
재료
(2~3끼분)
• 단호박 1/8개
• 꽈리고추 1/2팩
• 가지 1개
맥주
맥주
프라이팬으로 간단하게 할 수 있는 숙채절임을 만들면 되니까!!

사전 준비

- 단호박은 씨 부분을 떼어 내고 너무 크지 않게 썬다.
- 가지는 꼭지를 떼고 듬성듬성 썬다.
- 꽈리고추는 그대로 사용한다.

레시피

① 프라이팬에 올리브유를 5큰술 두르고 중간 불에 데워서 야채를 올리고 뒤집어 가면서 노릇노릇해질 때까지 2~3분 굽는다.

② 볼에 쯔유 200cc를 부어 둔다.
※ 농축된 제품은 물 50cc를 더한다.

③ 야채를 구워진 순으로 볼 안에 넣는다.
④ 식으면 그대로 랩을 씌워서 냉장고에 넣는다. 30분쯤 지난 후에 드세요!

먹을 만큼만 접시에 올리고

냉장고에서 2~3일 보관 가능

간이 듬뿍 밴 이튿째도 맛이 좋아요!

기름을 먹은 야채와 쯔유의 맛이 어우러지면서…. 맥주랑 환상의 하모니!

후텁지근한 방에서 마시는 차디차게 식힌 맥주, 최고!!

어느새 2병째….

꿀맛이야~ 1병 더~

꿀꺽꿀꺽

무더위의 지원군! 수제 오이 피클

레시피

냄비에 재료를 넣고
한소끔 끓인 뒤
식혀 둔다.

재료

- 물 100㎖
- 올리브유 1큰술
- 소금 1작은술
- 설탕 2큰술
- 후추 약간
- 청주 100㎖
- 홍고추 얇게 썬 것 조금
(없으면 생략할 것)

의외로 간단한 피클용 절임 물 레시피

피클용 절임 물을 만들어 절여 두면 끝!

재료 (2~3일분)

오이 2개

레시피

끄트머리를 잘라 내고
3cm 길이로 자른 뒤
반으로 갈라서 중앙의
씨 부분을 칼로 도려낸다.

하루 안에 다 먹을 경우에는
씨 부분을 도려내지 않아도 OK.
2~3일 두면서 먹을 때는
씨 쪽에서 물기가 나와서 맛이
연해지므로 도려내 주세요.

보관할 용기에
오이를 넣고 위에서부터
피클용 절임 물을 끼얹어
살짝 뒤섞은 후 냉장고에.
한 시간 정도 지나고부터
먹을 수 있답니다.

햄버거에 든
피클은 입맛에
안 맞건만….

오독오독
오독오독….

끝없이
들어가요….

순식간에
사라져서 금방
다시 만들게 되는
운명에….

샐러드 드레싱 직접 만들기
만드는 시간
3분
한 끼에
약 300원
몇 종류씩
이렇게
유통 기한을
넘기게 되죠.
참깨
이탈리안
조금씩 남음
게다가 꼭
조금씩
남아서
팍팍~
시판 드레싱은
듬뿍 끼얹게
되어서 칼로리가
걱정되어요.
그래! 직접
만들어 보자!!
간단하게
샐러드를 먹고
싶을 뿐이건만…!
분리수거 해야 하니
귀찮아….
끙~
병에 담겨
있어서 버릴
때도 품이
들고요.

기름과 식초는
1대1 비율로!
포인트!
• 올리브유 2큰술
• 소금 1/4작은술
• 후추 약간
• 식초 2큰술
+ 취향에 따라 설탕 1/4작은술
심플!
드레싱 재료
만드는 시간 2분
오일
식초
잘 섞어
둔다.
한 끼에 약 300원
참기름 1큰술
소금, 설탕 1/4작은술
간장 1작은술
식초 1큰술
참깨 약간을
잘 섞은 뒤 듬성듬성
썬 오이 2개에 버무린다.
중국풍
오이
샐러드
만드는 시간 5분
한 끼에 약 700원
그린빈 4줄기는 데쳐서
끄트머리를 잘라 내고
5cm 길이로 썬다.
토마토는 적당한
크기로 썰고 둘을
드레싱과 섞는다.
토마토와
그린빈
샐러드
만드는 시간 8분
한 끼에 약 880원
이제 드레싱을 사서
어중간하게 남기는
스트레스로부터 해방!!
Free
양파 1/2개를 얇게 썰어
10분간 물에 담갔다가
물기를 빼 둔다. 드레싱에
설탕 1/4작은술을 더하여
섞은 뒤에 냉장고에
1시간가량 둔다.
양파
마리네이드
만드는 시간 70분
한 끼에 약 500원

상점가*에서 '가볍게 장보기'

* 일본의 상점가는 작은 상점들이 옹기종기 모여 있는 형태죠. 한국에서는 시장이나 중소형 마트에 들르는 것으로 가벼운 장보기의 기분을 내 보세요.

이 맛이야~!!
갓 나온 튀김이란!!
따끈따끈 맛있어!!
귀갓길에 있는 상점가에서 조금 사 온 것으로 식사.
갓 튀긴 가라아게 나왔습니다~!
꺄아!
100g 주세요!!
가라아게
100g 1,500원
그다음 날에는….
봄 양배추가 먹고 싶어! 제철인데 아직 마트에는 없잖아.
야채를 좋아함.
그럴 때에도 상점가의 야채 가게에는….
짠~!!
봄 양배추 1개 1,900원
실하기도 하지…!! 1개 주세요.
묵직…
좀 비쌌지만 야채 가게 야채는 알이 실해서 맛있으니까~!
한 번에 3,000원 정도 쓰는 '가볍게 장보기', 꽤 즐겁답니다.
고양이다!
헤에~

내가 자취를 계속하는 이유

스물
일곱 살….
집밥을 요리하는 데
완전히 익숙해졌을
즈음….
몇 시간
붙들고 있어도
만화 작업이
끝나질 않아!!
오늘은 일단 접고
밥이나 만들어
볼까나….
오늘은
돼지고기랑
꽈리고추를
볶아 주겠어!
자르고….
굽고….
간 보고….
짠짠
탁탁탁
치익~
30분 만에
완성!!
뚝딱뚝딱
요리하고 나면
엄청난
성취감이…!
건강을 챙기는 것은 물론,
단시간에 성취감을
느낄 수 있는
자신을 위한 요리는….
다음번에는 뭘
만들어 볼까나~
어느새
제 삶의 일부분으로
자리 잡게 되었습니다.
cook
ing
요리책이나
요리 사이트를 보는 것도
하나의 즐거움.

20만 원으로 즐기는
혼밥 한 달 생존기

제 3 장

월말의 경제적인 시간 절약 레시피

'월말'과 마주하는 법

어제까지 20일을 지냈으니
자~ 이번 달도 앞으로 9일 남았네.
예산 안에서 마무리하도록 파이팅!!
남은 식비는 2만 원~!
이번 달에는 쌀을 사서 아슬아슬하군.
냉장고 안은…?
냉동해 둔 고기랑 우동, 밥을 빼면 거의 비었어!!
텅텅
달걀은 있음.
버터, 카레 가루.
양파, 당근.
오늘은 1만 원분 장 봐 와서 월말까지 버텨야지.
장 봐 온 품목
김치 1,980원
양배추(1/2개) 980원
식빵(6장들이) 1,480원
소송채 980원
불고기용 돼지고기 250g 2,980원
합계 약 1만 원

달걀이랑
고기류가
있으면
그 외에 야채를
좀 사 오면 어떻게든
버틸 수 있죠~!
닭가슴살이랑
다짐육이랑
돼지고기~
김치는 오래 보관하기
쉽고 다양한 요리의 맛을
내는 데 활용할 수 있어서
월말에 추천!
포인트!
맛있는
김치
요리하는
자취인인
저는,
월말까지 가능한 한
냉장고를 비운다!!
를 목표로
하고 있어요.
월말에 산 것은
그날 안에
먹어 치워요!
그러면 개운한
기분이 드니까요.
다음 달에
새로운
기분으로
장을 볼
수 있기도
하고요!
개운-함
남은 식재료로
식단을 고민하는 것도
게임 같아서 즐겁답니다.
남은 식재료로
맛있게
만들었네~
얼마 남지 않은
이번 달도
나를 위한 요리,
파이팅!

갈고닦자! 냉동 테크닉

요리를 즐기기 전에는 식재료를 냉동하는 걸 조금 꺼렸어요.

이유 ① 적당히 해동하는 법을 몰랐으니까!

전자레인지로 해동하면 익어 버리는 경우가 발생!

이유 ② 고기를 냉동하면 맛이 떨어지는 것 같아서….

딱딱하고 퍽퍽해지는 느낌이 있었죠.

처음으로 혼자 살게 되었을 때 새 냉장고를 사고….

200L

반짝반짝~

냉동고도 큼지막하게 46L!

보글 보글

치-익

1K에 딸린 부엌에도 익숙해져서 본격적으로 집밥을 만들게 되었을 때쯤.

싸게 나왔길래 돼지고기랑 닭고기 둘 다 사 버렸지만….

돼지고기

닭고기

이번 주 중으로 다 쓰지는 못하겠지….

어쩔 수 없군…. 냉동해야 겠지?

냉동 테크닉을 위한 도구
랩
랩
지퍼백(소형)
20개들이.
천원숍에서
살 수 있어요.
밀폐 용기
큰 사이즈 6개,
작은 사이즈 3개.
냉동실이
빵빵하니까 채워
넣지 않으면
아깝기도 하고.
'냉동법'으로
검색~ ♬
이때부터
냉동
테크닉을
연마하는
날들이 시작
되었어요.
우선
냉동하고
싶은 것은
고명류!
파
마늘
생강
쓰기
편하도록
조금씩
나눠
두어요!
파는 줄기와
잎 부분 모두를
가늘게 썰어서
지퍼백에!
마늘은 껍질은 벗기고
3~4쪽씩 랩에 싸서
작은 사이즈
밀폐 용기에 보관!
2~3개월
보관 가능
생강은 반으로
잘라서 껍질째로
랩에 싸서
지퍼백에!
향이
날아가지
않아요!
두 달간
보관 가능
슥슥
사용할 때는
5분 정도 상온에
두었다가 쓰면
좋아요.
좋았어!
하나씩 상비 식품을
늘려 봐야지~!

빵은 그대로
냉동해도 돼요~!
아침은
빵으로!
사 온
봉지째로
한 번 더
비닐봉지에
넣어서
냉동실에!
먹을 때는
냉동한 채로
토스터에
구우면 OK!
그대로
유지되는 맛!!
프라이팬에서
구워도
맛있답니다.
고기류로는
자주 쓰는
닭가슴살이랑
돼지고기를
늘 쟁여 두고
싶은데.
쓰기 전날
냉장실로 옮겨
두면 해동되는군.
간단해!
PC
게다가 쓰기
편리하도록
잘라서
얼리면 바로
꺼내 쓸 수
있어요!
돼지고기는
50g씩
랩에 싸서
한 달은
보관할 수 있는
데다 의외로
맛도 거의
그대로예요!
다진
돼지고기는
지퍼백에
넓게 펴서
닭가슴살은
한입 크기로
한 끼분씩
밥은 이렇게 냉동합니다.
쌀 3컵으로
밥을 지은 뒤에
한 끼분씩
밀폐 용기에 보관.
갓 지었을 때
담아서 뚜껑을 덮은 뒤
식으면 냉동실에···.
야채
토마토 꼭지를
따서 통째로
랩에 싸서 보관.
소송채
5cm씩 잘라서
밀폐 용기에 보관.
조리된
음식류
랩에 싸서
지퍼백에
넣어 보관.
데리야키
가라아게
냉동 테크닉을
알고 나서
자취 생활이 더욱
풍요로워졌답니다!!

냉동실은 늘 꽉꽉 차 있어요…
우리 집 냉동실 내용물 대공개!!
고명류 외에는 한 달 이내에 사용하도록 하고 있지요~!
얼음
여름이면 아이스커피로 활약이 대단하죠.
파
줄기 부분과 잎 부분은 별도로.
마늘
아오모리산. 3,980원 정도 하는 품질 좋은 것으로 사고 있어요.
생강
잡곡밥
쟁여 뒀다가 전자레인지로 해동.
야채
얼린 채로 수프나 여러 음식에 활용.
원두
바로 쓰지 않을 분량은 지퍼백 안에 넣어서.
세 끼분 우동 사리
해동 과정 없이 1분만 삶아서 써요.
식빵
유부
텐까스
언 채로 쓸 수 있어요.
자반고등어
언 채로 구워요.
냉동 물만두
출출할 때 좋죠. 언 채로 수프에 넣어서 5분 끓여요.
돼지고기, 닭고기 혹은 가끔 다짐육
쓰기 전날 냉장실로 옮겨 두면 간단히 해동 가능.

바쁠 때 내 편이 되어 주는
오므라이스
만드는 시간
15분
한 끼에
약 460원
오므라이스
뿐이야…!!
Super Star…
이럴 때
치우기도
간편하고
내일
가져갈
도시락도
한 번에
해결할 수
있는 건….
배고파!
야근으로
지쳤음….
오늘은
얼른 저녁을
먹고 욕조에
들어가고
싶어….
재료
(2끼분)
• 달걀 2개
• 소시지 2개
• 양파 1/2개
• 식혀 둔 밥 2공기분
사전 준비
• 소시지는 5mm 길이로,
양파는 잘게 썬다.
• 달걀 2개를 풀고
소금, 후추 약간,
우유 1작은술,
마요네즈 1작은술을 넣어 섞는다.
마요네즈를
섞으면
폭신폭신
해져요!

레시피

① 프라이팬에 올리브유 1작은술을 둘러 데운 뒤 달걀물 절반을 넣어 익힌다.

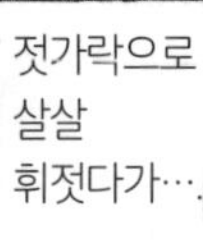

젓가락으로 살살 휘젓다가…

뒤집개로 모양을 잡는다.

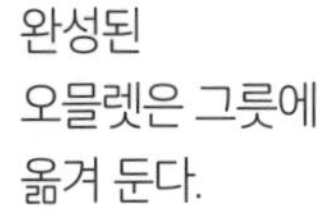

완성된 오믈렛은 그릇에 옮겨 둔다.

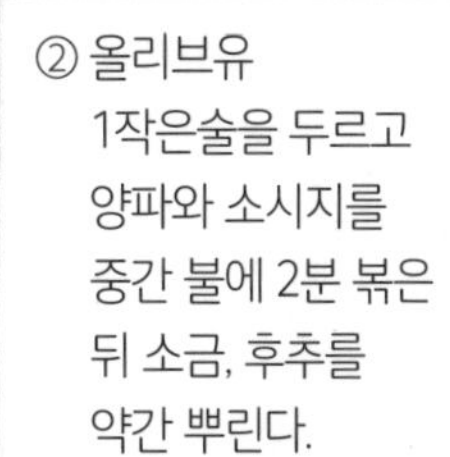

② 올리브유 1작은술을 두르고 양파와 소시지를 중간 불에 2분 볶은 뒤 소금, 후추를 약간 뿌린다.

③ 밥을 넣고 섞어 가면서 2분 볶고 케첩 2큰술, 간장 1작은술을 넣어 1분 더 볶는다.

만드는 데 15분 먹는 데 5분

도시락 싸는 데 5분 정리하는 데 5분….

※그사이 욕조에 물을 받아 둡니다.

이후에는 여유롭게 한 시간쯤 목욕을 즐겼답니다.

다 해서 30분밖에 안 걸리다니…. 신기록이야….

아~ 힐링이 돼….

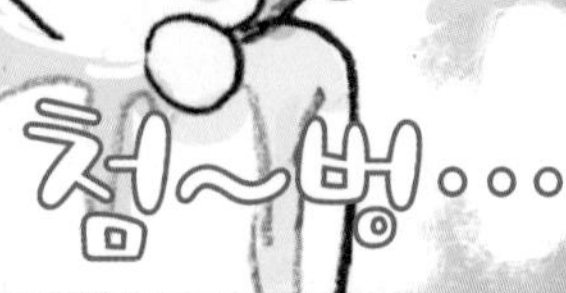

만들어 두면 유용한 **미트 소스**

만드는 시간 **25분**

한 끼에 약 **1,125원**

때때로 직접 만들게 되었죠.

홀토마토 캔을 칼디에서 사게 되면서부터 (P.54 참고)

미트 소스는 1인분용 레토르트를 사서 먹는 경우가 많았지만,

사전 준비

당근, 양파, 마늘을 잘게 다져 놓는다.

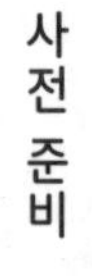

재료 (4끼분)

- 다진 돼지고기 200g
- 양파 1/2개
- 당근 작은 것 1개
- 마늘 1쪽
- 토마토 캔 1/2분량

나머지는 밀폐 용기에 넣어 냉동해 두면 편리함.

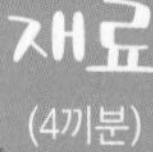
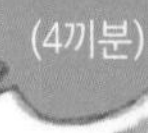

레시피
① 프라이팬에 올리브유 1큰술을 두르고 마늘과 다진 돼지고기, 양파, 당근을 중간 불에 3분간 볶는다.
② 홀토마토를 넣고 뒤집개로 토마토 과육을 가볍게 으깬 뒤 뚜껑을 덮고 5분간 익힌다.
③ 소금, 후추 약간, 드라이바질 약간, 케첩 1큰술, 간장 1큰술을 더한다.
④ 뚜껑을 열고 수분이 날아갈 때까지 중간 불에 볶으면 완성.
미트 소스를 먼저 만들고 파스타를 삶는 동안 식혀 두면 건더기와 소스 맛이 더 잘 어우러져요.
수제 토마토소스는 건더기가 듬뿍 들어서
포만감을 느끼게 하죠~!
그리고 남은 미트 소스는….
냉장고에 넣어서 하루쯤 숙성시키면 맛이 더욱 좋아져요!
내일은 도리아가 좋겠는데~
올리브유에 구운 가지랑 미트 소스, 슬라이스 치즈를 밥 위에 얹어서 전자레인지에 돌리기만 하면 되니까!
우후훗…

월말에는 우동을 주 2회

* 시치미(七味): 일곱 가지 맛이 난다는 의미로 고춧가루, 겨자, 산초 등을 섞어 만든 분말 형태의 양념. 대형 마트나 인터넷에서 구매 가능.

추천 우동 세 가지

밀가루 음식을 사랑해요!

카레 우동

레시피

1 남아 있는 카레가 있다면 한 끼분 (레토르트 카레는 1봉지면 OK)에 물 200cc, 쯔유 2큰술을 넣는다.

2 5cm 길이로 썬 소송채 1/2묶음, 유부 1/2장을 넣고 우동 1팩을 넣어서 3분간 뭉근히 끓인다.

우메보시 무즙 우동

레시피

1 끓는 물에 불고기용 돼지고기 50g, 시금치 1/2묶음을 넣어 1분간 익힌다.

2 시금치는 찬물에 헹군 뒤 5cm 길이로 썬다.

3 우동 사리를 데치고, 쯔유 50cc와 뜨거운 물 200cc를 끼얹고, 무즙과 우메보시 1개, 돼지고기와 시금치를 얹는다.

※ 쯔유는 3배 농축 제품을 쓰고 있어요.

삼겹살 숙주 우동

레시피

1 냄비를 중간 불에 올리고 삼겹살 50g을 3분간 구운 뒤 간장과 맛술 1큰술씩 첨가하여 1분 더 볶는다.

2 우동과 숙주 1/3팩을 1분간 데친다.

3 쯔유 50cc+뜨거운 물 200cc를 대접에 붓고 우동, 고기, 숙주를 넣은 뒤 참깨를 뿌린다.

5분이면 완성하는
고슬고슬 볶음밥
만드는 시간
5분
한 끼에
약 970원
이번 달도
이제
일주일
남았어.
냉장고 속
식재료
체크!
냉동해 둔
불고기용
돼지고기랑
양배추, 김치가
있군….
그리고
냉동해 둔
야채류
달걀만
한 번 더
사 오면
일주일은
넘길 수
있을 듯!
우선 오늘은
금방 만들
수 있는 걸
만들어야지.
배고파~
재료
• 밥 한 끼분
• 달걀 1개
• 불고기용 돼지고기 30g
• 양배추 1/8개
• 마늘 반쪽
• 파 흰 부분 2cm
사전 준비
마늘과 파는
잘게 썰고
돼지고기와
양배추는 한입
크기로 썬다.

레시피
① 프라이팬에 참기름 1큰술을 둘러 중간 불에 데운 뒤 돼지고기를 넣어 하얗게 될 때까지 볶다가 양배추를 넣고 1분간 볶아서 접시에 옮긴다.
포인트
먼저 건더기를 기름에 볶아 두면 밥이 질척거리지 않아요.
② 강한 불에 참기름을 두르고 파와 마늘을 넣은 뒤 곧바로 달걀을 깨어 넣고 섞은 뒤 밥을 넣고 뒤집개로 재빨리 약 2분 정도 뒤섞은 뒤에 건더기를 넣는다.
③ 치킨 스톡 1/2작은술, 간장 1작은술을 넣고 2회 정도 섞은 뒤 불을 끄고 소금, 후추를 살짝 뿌린다.
약 5분이면 완성!!
볶음밥은 강한 불에 재빨리 볶는 게 중요하니까 중국요리사가 된 기분으로 만들어 보아요!
으아아
※ 이런 이미지로
곁들임에 좋은 중국풍 수프.
물 200cc를 끓이고 치킨 스톡 1작은술에 원하는 야채를 넣어서(이번에는 양배추를) 2분간 익히고 소금을 약간 넣어 완성.
냉동 물만두를 넣어서 끓여도 맛있어요!
참기름 향기~! 보슬보슬한 달걀에 치킨 스톡의 감칠맛이 돌아서 멈출 수가 없어요!
이번 달 앞으로 6일 남았음…!!

* 오코노미야키 믹스는 대형 마트와 인터넷에서 구매 가능. 일반 부침가루로 대체 가능.

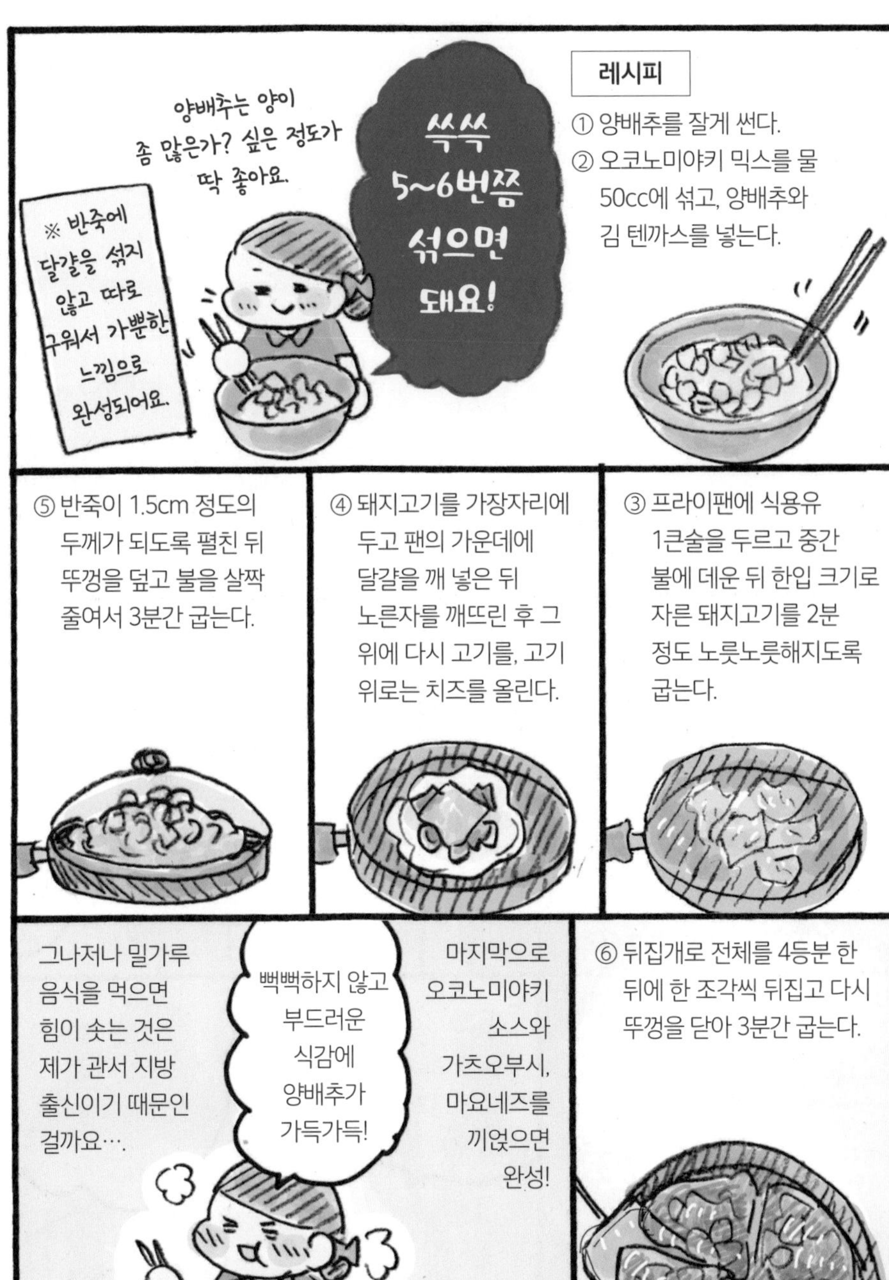
양배추는 양이
좀 많은가? 싶은 정도가
딱 좋아요.
※ 반죽에 달걀을 섞지 않고 따로 구워서 가뿐한 느낌으로 완성되어요.
쓱쓱 5~6번쯤 섞으면 돼요!
레시피
① 양배추를 잘게 썬다.
② 오코노미야키 믹스를 물 50cc에 섞고, 양배추와 김 텐까스를 넣는다.
③ 프라이팬에 식용유 1큰술을 두르고 중간 불에 데운 뒤 한입 크기로 자른 돼지고기를 2분 정도 노릇노릇해지도록 굽는다.
④ 돼지고기를 가장자리에 두고 팬의 가운데에 달걀을 깨 넣은 뒤 노른자를 깨뜨린 후 그 위에 다시 고기를, 고기 위로는 치즈를 올린다.
⑤ 반죽이 1.5cm 정도의 두께가 되도록 펼친 뒤 뚜껑을 덮고 불을 살짝 줄여서 3분간 굽는다.
⑥ 뒤집개로 전체를 4등분 한 뒤에 한 조각씩 뒤집고 다시 뚜껑을 닫아 3분간 굽는다.
마지막으로 오코노미야키 소스와 가츠오부시, 마요네즈를 끼얹으면 완성!
뻑뻑하지 않고 부드러운 식감에 양배추가 가득가득!
그나저나 밀가루 음식을 먹으면 힘이 솟는 것은 제가 관서 지방 출신이기 때문인 걸까요….

영양 듬뿍 제육양배추김치죽

만드는 시간 10분

한 끼에 약 780원

레시피
① 프라이팬에 참기름 1작은술을 두르고 중간 불에서 김치를 볶는다.
맛있는 냄새가 퍼져요!
② 물 200cc 쯔유 20cc를 넣고 한입 크기로 자른 돼지고기와 양배추를 넣어서 뚜껑을 덮고 중간 불에서 5분간 끓인다.
보글보글
좋은 냄새!
③ 그 위에 밥을 넣고 30초 뭉근히 끓인 뒤 달걀 푼 것을 넣어서 뚜껑을 덮고 1분간 끓인다.
대접에 담고 참깨, 있으면 김 가루를 뿌려서 완성!
김치로 후끈~
후끈
달걀도 들어가서 영양 듬뿍.
몸이 따듯해지긴 했지만 어쩐지 욱신욱신해….
목욕하고 나왔음.
열은 없지만 몸도 무겁고.
지잉~
심플 생강차
생강 간 것 1작은술+
꿀 2큰술+
따듯한 물 100cc로
뜨끈뜨끈한 몸으로 굿나잇….

얼려 둔 빵으로 시간 절약
프렌치토스트
만드는 시간
15분
한 끼에
약 560원
프렌치 토스트를 만들 거예요!
오늘 아침은 월말을 잘 넘긴 포상으로
기지개를 쭉~ 토요일에는 늦장을 부리게 돼요!!
삐삐삐 삐삐삐
AM11:00
우유
일반적인 프렌치토스트는 달걀물에 전날 밤부터 재워 둔 다음에 굽지만,
표면만 타거나 달걀물이 잘 스며 있지 않거나.
달걀물에 적당히 재우는 게 어려워서 두 번쯤 실패하기도 했어요….
냉동해 둔 빵을 이용해서 만들면 1분 만에 달걀물이 스며서…
실패하지 않아요!!
짜잔

재료 (1끼분)

- 얼려 둔 빵 1장
- 달걀 1개
- 우유 50cc
- 설탕 1과 1/2큰술

레시피

① 볼에 달걀을 풀어 넣고 설탕과 우유를 넣어 잘 섞는다.

② 달걀물을 큼지막한 사이즈의 밀폐 용기에 반씩 넣고, 얼려 둔 식빵을 4등분 한 뒤 2개씩 달걀물에 잠기도록 넣는다.

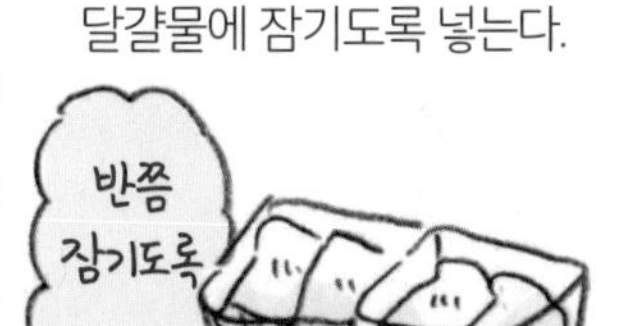

③ 뚜껑을 덮어서 600W 전자레인지에 30초(500W는 35초)
↓
식빵을 뒤집어서 다시 한 번 30초 돌린다.

④ 약한 불에 프라이팬을 올리고 버터 한 조각을 넣은 뒤에 빵이 서로 달라붙지 않도록 자리를 잘 잡아 올리고 한쪽 면이 충분히 익도록 3분 정도 굽는다.

⑤ 뒤집어서 뚜껑을 덮고 5분 굽는다.

매월 말일은 점검하는 날

31일!! 이번 달도 무사히 한 달을 보냈어요.
골— 인~!!
오즈
수고했어, 오즈 마리코…!!
어디 보자….
그럼 이번 달의 식비를 점검해 볼 시간~!
일반 식비는 아주 살짝 예산을 넘어섰지만
10만 5,000원 쯤이면 괜찮아-!!
지출
이번 달
일반 식비
외식비
앱
외식비는… 2만 원 더 썼네.
술자리에 세 번 참석했으니까~!
그렇지만 오랜만에 만난 친구였기도 했고, 다음 달에 좀 더 절약하지 뭐~!
합계 22만 5,000원.
뭐 어쨌든 애썼네.
※마음가짐은 느긋하게.

한 달 식비 20만 원
생활을 시작한 지
벌써 3년째가 됐어요~!
이렇게
계속 이어질
줄이야···.
게으른
성격인데도
지속할 수
있다는 것은···.
지금의 생활이
예상보다 편한
덕이지요.
무엇보다도
자취 생활이 전보다
즐거워졌고요!!
요리책을
살펴보기도
하고
일품
레시피
간단
요리
좋아하는
가게도
늘었고.
요리하고 음식을
즐기는 데 취미를 들여서
해 보고 싶은 것,
가 보고 싶은 곳이
잔뜩 생겼답니다~!
내가 먹을 음식을
직접 계획하고
만드는 것은
뿌듯하고
소중한
일이랍니다.
다음 달도 파이팅!
내일은 출근이니까
그만 자야지~!
올해도
느긋하고
즐겁게 이어
가 보자!

우유
20만 원으로 즐기는
혼밥 한 달 생존기

제 4 장

외식, 셀프 포상, 디저트!

외식 예산을 정한 계기
3년 전에 혼자 살기 시작했을 때쯤….
이사 당일은 쓸쓸해서 견딜 수가 없더라고요….
외… 외로워!!
썰렁…
옷
책
이삿짐 센터
아리엔
어느 순간 정신을 차려 보니,
여럿이 모인 술자리에 참석한다든지….
건배!!
나
뷔페라든지….
맛있어.
평일 저녁에도, 휴일에도 빈 시간에는 외식 일정을 꽉꽉 채우는 바람에….
외식으로 한 달에 30만 원을 쓰는 일도 벌어졌죠…
지난달에 너무 흥청망청했어!!
통장
숙취로 휴일을 날려 버리기도.
일요일이 다 가 버렸어…
컨디션도 나쁘고.
너무 먹었어~
오타이산 (위장약)
생활이 엉망 진창!!

예산은 한 달에 10만 원이면 딱 좋겠네~!
술자리가 한 달에 두 번이면 4만 원 × 2··· 점심 외식비는 1만 원 × 2···
살짝 불안하지만 예산을 정해 볼까!
그리하여 스케줄을 점검하면서 외식비 예산을 책정하는 것으로···.
무턱대고 약속을 잡지 않게 되어서 집에서 혼자 보내는 시간도 즐기게 되었죠!
장점 1
혼자만의 시간을 가질 수 있다.
Book
딱히 아무것도 안 하는 휴일도 즐거워요!
스케줄을 짜기에도 좋고, 직접 요리하는 일도 늘어나고요.
그때부터 실제로 적용해 봤더니 생각보다 해 볼 만했어요!
친구와의 만남이 더욱 각별해진다!
장점 2
여러분도 한번 해 보세요~!

계획적으로 즐겨 더욱 달콤한! 술자리

시부야역
저녁 7시
각자 일을 정리하고 지하철역에 도착.
수고했어~ 나는 내일도 출근해야 해….
친구 2
나도 일 겨우 마치고 왔어….
친구 1
일이 안 끝나서 아슬아슬했어!!
나
꼬치구이는 가성비가 좋죠.
"오즈로 7시에 예약했어요."
"네. 어서 오세요~"
꼬치집
사람 많다! 인기 있는 집인가 봐!
한 꼬치씩 시킬 수 있군.
나는 닭똥집~
나는 염통이랑~ 닭고기 경단~
식사는 각자 좋아하는 것을 원하는 만큼.
메뉴
제가 원하는 속도로 천천히 즐기는 게 좋아서 음료 무제한 코스는 잘 선택하지 않아요.
첫 잔은 역시 맥주지….
음료 메뉴
마음의 소리
저는 술집에 가서 마시는 술의 양이랑 순서가 대체로 정해져 있는 편인데요….

* 츄하이(チューハイ): 소주를 탄산수로 희석하고 과즙, 시럽 등으로 풍미를 더한 낮은 도수의 칵테일.

* 패밀리 레스토랑(ファミレス): 일본의 패밀리 레스토랑은 패스트푸드점을 웃도는 가격대에 주류를 포함한 다양한 메뉴를 갖추고 심야 영업을 하는 곳이 다수임.

셀프 포상으로 즐기는 특별한 외식
히미츠도우
'가 보고 싶은
가게 리스트'를
수첩에
만들어 두고,
맛있는
핫케이크。
맛있는
핫케이크
NO.1
가 보고 싶은 가게
□ 아사쿠사
'페리칸(ペリカン)'
□ 긴자
'유키노 시타
(雪ノ下)'
가게 위치랑
이름 앞에
체크 박스를
만들어 둡니다.
그리고
업무에서
한고비
넘기고
나면
셀프 포상으로
혼자 외식을
하러 가는
일을 즐기고
있어요.
예를 들면
이런
곳이죠.
요요기 우에하라
'하릿츠(ハリッツ)'
포근포근한
도넛과 커피
'호시노 커피
(星野コーヒー)'
수플레 팬케이크와
아이스커피

점심 시간
어디로 갈까….
아하!
빙수 먹으러
가면 되겠네!!
수첩
지난해
4월….
일 때문에
바빴을 때
여기까지
해치우고 나면
셀프 포상으로
근사한 디저트를
먹으러 갈 거야!!
PC
탁탁탁
해마다 한 번씩은
방문하고 있는
센다기의
'히미츠도우
(ひみつ堂)'
길고양이를
만나기 쉽다는
'야나카 긴자' 지역에
위치함.
여름에는 엄청나게
붐비니까 대체로
여름을 피해서
가고 있어요.
5월…은
업무로 내내
바쁘니까,
6월에
연차 써서
가야지.
스케줄을
잡아 놓고~
스스로에게 주는
선물을 정해 놓으면
일할 맛이 납니다.
마음이 한결
편해졌어…!!!
연차
신청 가능~
PC

* 카와치반칸(河内晩柑): 자몽과 유사한 감귤류의 과일. 자몽보다 쓴맛은 덜하며 과즙이 풍부함.

그러고
보니 이건
백수였던
2년 전에
처음으로
먹어
봤는데~!
스물일곱 살
즈음
맛있어~~
그때는 언제든
자유로이
평일에 먹으러
왔지만….
뒹굴
뒹굴~
만화책
너무 퍼져
버려서
생활 리듬도
깨지고
그랬는데….
일한다는 건
생각보다
좋은 걸지도
몰라….
쉬는 시간의
소중함도
알게 되고!!
앞으로도
내 방식대로
힘내 봐야지!!
약
30분
만에
완식.
고로케도 맛있어 보이고,
근처에 유명한 애플파이집도
있지만 오늘은 여기서 귀가.
고로케
오늘의 여운을
즐기면서~
집에 와서도
만족감으로 가득한
셀프 포상의
외식이었어요.
고대하던 것을
먹고 났을 때의 행복~
방문한 가게의
명함을 모아 두기도
합니다.
히미츠도우
(ひみつ堂)
카페 마메히코
(カフェマメヒコ)
히미츠도우
(ひみつ堂)

느긋하게 취해 가는 행복, 혼술 & 홈 파티

만드는 시간 30분

한 끼에 약 4,200원

금요일 밤이면 간단히 만들 수 있는 안주를 몇 개쯤 만들어서

밀린 드라마 등등···

느긋하게 마시는 게 즐거움 중 하나죠.

집에서 술 한 잔씩 하는 걸 좋아해요.

저녁 식사에 곁들여서 딱 한 잔씩···

몇 달에 한 번씩은 홈 파티를 열어서 마시기도 한답니다.

오전 11시경.

오늘은 우리 집에서 홈 파티하는 날~!

둘이서 마실 거니까 미리 요리를 해 둬야지!

오래 수다를 떨면서 먹기에 편한 건 역시 냄비 전골.

- 불고기용 돼지고기 50g
- 두부 1/2모
- 닭가슴살 50g
- 배춧잎 2장
- 무 10cm
- 유부 2장
- 소송채 1묶음

레시피

① 무 6cm를 껍질을 벗겨서 간다.
↓
밀폐 용기에 담아 냉장고에 넣어 둔다.

② 배춧잎의 흰 줄기 부분은 3cm 길이로, 푸른 잎 부분은 5cm 길이로, 소송채와 무는 3cm 길이로, 닭고기와 돼지고기는 한입 크기로, 두부는 4등분, 유부는 데친 뒤에 물기를 짜고 3cm 길이로 잘라 둔다.

③ 육수를 만든다.
물 600cc에 혼다시 1작은술, 간장 1큰술, 청주 2큰술, 맛술 1작은술을 섞어 둔다.

냄비 전골이지만 인덕션레인지를 쓰는 부엌이라 사전 준비는 프라이팬으로 해요.

④ 프라이팬에 준비한 무와 고기류 및 유부 절반, 배추를 넣어서 한소끔 끓인 후 3분 정도 뭉근히 더 끓인다.

⑤ 익힌 재료를 질냄비에 세팅해 뒀다가 친구가 도착하면 휴대용 가스버너 위에 올린 뒤 소송채와 두부, 무즙의 절반을 올려서 2분 정도 더 끓인 후에 먹기 시작한다.

남은 재료는 랩에 싸서 냉장고에 둔다.(도중에 추가할 수 있도록)

* 아히죠(ajillo): 올리브 오일에 마늘, 페페론치노, 새우 등을 넣고 뭉근히 끓인 것으로 스페인의 전채요리 중 하나.

오후 2시 30분.
어머, 이렇게 많이 준비했어?
바로 먹을 수 있어~!
마지막에 넣을 우동도 있고!
보글 보글
종이로 된 식탁 매트
반찬 가게에서 가라아게 200g 구매….
3,000원
빵 데워서 아히죠 올려 먹을까?
좋지!
한 시간 후….
전골 고명 추가~
맥주 추가~
두 시간 후….
와인 까자 와인.
이제 우동 넣자.
세 시간…
네 시간…
여유롭고 푸짐하게….
건배!
대낮부터 맥주!
여섯 시간 후….
그러고 보니 여섯 시간 동안 쉬지 않고 떠들었어.
근데 아직 할 얘기가 많잖아!!
자고 가면 되지!
그럼 술 좀 더 사 오자~
예~
하하하….
해롱해롱~
파티는 아직 끝나지 않았다!!

자취 생활 간편 안주 BEST 4

오이 토마토 치즈 샐러드

재료

오이 1개, 토마토 1개, 치즈(슬라이스 치즈 외의 형태로 큐브나 스트링처럼 두꺼운 것) 30g 정도

레시피

1 드레싱을 먼저 만들어 둔다.(올리브유 2큰술, 설탕 1/2작은술, 소금, 후추 조금씩, 식초 2큰술)
2 한입 크기로 자른 오이, 8등분 한 토마토, 사방 1cm 크기로 자른 치즈 위에 드레싱을 뿌리면 완성.

제육김치볶음

재료

불고기용 돼지고기 50g, 김치 30g
(모두 한입 크기로 자른 것)

레시피

1 중간 불에 올린 프라이팬에 참기름 1큰술을 두르고 김치를 1분 정도 볶는다.
2 돼지고기를 넣어서 익을 때까지 3~4분 볶는다.
3 마무리로 간장 1큰술을 넣어서 30초 더 볶으면 완성.

재료

감자 2개, 마늘 반쪽

A 소금, 후추, 드라이 바질 조금씩

B 식초와 간장 1큰술을 섞어 둔 것

레시피

1 한입 크기로 자른 감자를 500W의 전자레인지에서 6분 익혀서 껍질을 벗겨 둔다.

2 프라이팬에 올리브유 1큰술을 두르고 중간 불로 가열한 뒤 간 마늘을 넣고 감자를 넣어 1분간 볶는다.

3 **A**를 넣어서 30초 볶고 **B**를 흩뿌린 뒤 10초 더 볶아 완성.

재료

브로콜리 1/2개, 새송이버섯 1개, 올리브유 4큰술, 안초비 페이스트 2작은 술, 마늘 1쪽

레시피

1 브로콜리를 1분 30초 정도 데쳐 둔다.(살짝만 익힌 상태)

2 약한 불에 올린 팬 위에 올리브유를 두르고 마늘 향이 날 때까지 볶는다.

3 잘게 썬 새송이버섯을 넣고 2분 볶는다.

4 안초비 페이스트와 브로콜리를 넣고 1분 더 볶으면 완성!!

* 오렌지 필(orange peel): 채 썬 오렌지 껍질을 당절임한 것. 다양한 빵과 초콜릿, 칵테일 등에 활용된다.

** 세이죠 이시이(成城石井): 고급 식자재도 취급하는 체인점 형태의 중형 마트.

오즈의 선택!

마음에 드는 크래프트 비어 목록

'크래프트 비어'는 소규모의 브루어리(양조장)에서 만드는 다양한 고품질의 맥주를 일컫는 단어입니다.

① 야호 브루잉 '수요일의 고양이'

오렌지 필 첨가로 산뜻한 맛! 쓴맛은 거의 나지 않아요.

수요일 밤과 찰떡궁합!

② 야호 브루잉 '요나요나 에일'

'수요일의 고양이'와 같은 브루어리의 스테디셀러. 씁쌀한 맛!

간이 센 요리랑 잘 맞아요!

③ 일본 맥주(주) '레몬 맥주'

첫 잔으로 좋아요! 레몬주스 같은 맥주로 쓴맛이 나지 않아요.

칼디에서 발견한 맥주입니다.

④ 키루치 브루어리 '히타치노 네스트 화이트 에일'

라벨의 부엉이가 귀여워요♡

가벼운 맛에 부드럽게 넘어가요!

홈 파티할 때 부엉이를 좋아하는 친구가 가져와 주었습니다.

홈 카페의 즐거움

카페 순례를
정말 좋아하지만
매주 가는 건
꽤 부담이
되기도 해요.

일상을 벗어나
긴장을 푸는
시간은 독서를
하며 커피를
마시고 달콤한
디저트를 즐기는
시간이죠.

스타벅스의 도넛
① 3,000원 이하의 가벼운 디저트를 하나 사 와요.
무인양품
샤브레
그래서 요즘에는 고대하던 책을 사면 '홈 카페' 타임을 즐기고 있어요.
하아~
찜했던 책 구매 완료~♡
BOOKS
② 핸드드립으로 커피를 내려요.
③ 카페 풍 음악을 틀고요.
컴퓨터
cafe music mix
이케아 조명
④ 간접 조명을 세팅해요.
나무 트레이
홈 카페라 불릴 만한 공간으로···!?
내 방이 색다르게 느껴지면서 느긋한 기분~!
좋구나~
커피는 얼마든지 리필할 수 있고···.
언젠가는 근사한 소파를 사고 싶네요···.
지금은 좁아서 못 놓겠지만···.
더 멋진 홈 카페를 목표로!!
헤헤헤···.
CAFE

맛있는 커피를 내리고 싶어서
처음으로 핸드드립 커피를 만들었던 것은 대학생 시절.
만 열아홉 살 미대생
애니메이션을 만드는 과제에다 취미로 만화까지 그리느라 생활이 엉망진창이었어요.
몽롱~
방 안의 모습.
종이 천지! 편히 쉴 데가 없어!!
으으윽.
커피 타임은 한숨 돌리는 시간이었지요.
드리퍼는 바닥에 두고 2잔분 물을 주전자로 붓는 중….
하아~ 커피 향.
기분전환이라도 하게 커피라도 내려 보자!
철야 중
그려도 그려도 끝나질 않아….

핸드 드립을 위한 구비 용품들.

① 드리퍼
애용하는 것은 칼리타의 제품으로 물 빠짐 구멍이 3개인 것.(금세 내릴 수 있어요.)

② 필터
어떤 제품이든 OK. 가격은 2,000원 정도.

③ 커피 계량 숟가락
1잔분 계량 가능. 2,600원 정도.

5.000원 정도면 살 수 있어요.

원두는 갈고 나면 점점 향이 날아가니까 바로 마실 분량 외에는 냉동 보관합니다.

여러 가게의 원두를 마셔 본 결과, 평소에는 합리적인 가격의 칼디의 '리치 브랜드'로 정착했어요.

KALDI COFFEE

한 달 치 200g 4,500~5,000원 정도.

그리고 취향에 맞는 원두만 있으면 돼요!

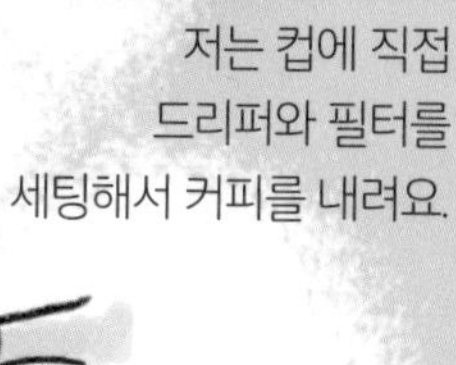

커피는 마실 때뿐 아니라 내리는 시간도 힐링이 되는 것 같아요.

저는 컵에 직접 드리퍼와 필터를 세팅해서 커피를 내려요.

뜨거운 물 소량을 끼얹고 30초 뜸 들인 뒤 남은 물은 두 번에 나눠서 천천히 따르면 됩니다.

홈 카페를 장식하는 머그컵 컬렉션

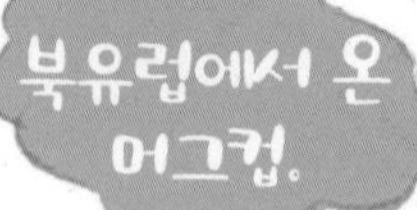

8년 전에 선물 받은 하얀 컵.

커피를 좋아해서 그런지 컵을 자주 선물 받아요.

그날의 기분에 따라 골라 쓰고 있지요.

잠깐의 휴식~

친구 결혼식 답례품으로 받은 것.
화사한 색감의 티파니 블루 컬러.

대학생 시절에 살았던, 교토의 '이노다 커피' 굿즈.

코스터(컵 받침)

이것도
선물 받은 것.

교토의 이노다 커피
팬이에요.

'fog linen work'

'이노다 커피(イノダコーヒー)'

잡화점 'Unico'의 오리지널 제품.

배색이 예쁘죠!

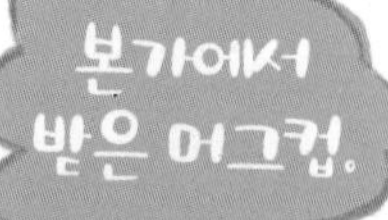

식기 모으는 걸
즐기셨던 할아버지의
컬렉션 중 한 가지.

'today's special' 오리지널 제품.

여름에
아이스커피를
마실 때는 이 컵에.
냉기 보존에 좋은
스테인리스 소재.

컵에 컵이라고
쓰인 게 웃겨···
하면서 샀죠.

'Afternoon Tea LIVING'.

법랑 소재.
친구에게서
선물 받은 것.

전자레인지로 만드는 **머그컵 푸딩**

캐러멜 만들기!
① 머그컵 안에 뜨거운 물을 붓고 1분간 두었다가 물을 버린다.
② 컵에 설탕 1큰술과 물 1큰술을 넣고 전자레인지에서 2분 가열한다.
재료
• 달걀 1개
• 우유 130cc
• 설탕 2큰술
• 설탕 1큰술 (캐러멜용)
① 볼 안에 달걀을 깨 넣고 잘 섞는다.
② 설탕을 넣고 섞다가 우유를 2~3회 나누어 넣은 뒤 섞는다.
달그락 달그락
※거품기는 없음···.
포인트!
표면이 부글거리면 바로 꺼낸다.
③ 머그컵 안에 넣고 500W 전자레인지에 2분 미만으로 돌린다.
지켜보지 않으면 푹 익어서 달걀찜이 될지도···!
④ 컵 위에 랩을 씌우고 큼직한 수건으로 감싸서 10분 방치!!
이 안에 푸딩 있음.
⑤ 수건을 걷어 내고 상온이 되면 냉장고에 넣어 30분쯤 식혀서 완성!
너무 달지 않은 소박한 맛. 그 위의 캐러멜 맛이 사르륵~!
이 맛이야!

먹다 남은 과일을
부활시키는 시럽조림

만드는 시간
10분

한 끼에
약 500원

5~6년 전쯤
본가에서
배를 잔뜩 보내
주신 일이
있었어요.

6개!!

사각
사각

배를 그냥
먹는 것도
좋지만 뭔가
만들어 볼 수
없을까~?

당시에 저는 사과를
설탕이랑 볶아서
토스트 위에 얹어 먹는 데
빠져 있던지라….

사과
1조각을
얇게 썬 것.

설탕 1큰술을
뿌려서 1분간
볶으면 끝.

양도 많이
있으니까~!

배로 해 봐도
괜찮겠는데~!

두근
두근

• 배 1개
• 설탕 4큰술

레시피

① 껍질을 벗긴 배를 6등분한 뒤 씨 부분은 파낸다.

② 5mm 폭이 되게 세로로 썬다.

③ 프라이팬을 중간 불로 가열한 배와 설탕 2큰술을 넣어 타지 않도록 섞어 가면서 2~3분 볶는다.

④ 배에서 수분이 나오기 시작하면 설탕 2큰술을 추가한 뒤 3분 정도 졸여서 완성!

냉장고에 2~3일 보관 가능.

식힌 뒤에 요거트에 얹어 먹어도 잘 어울려요!

구운 식빵에 버터 1조각을 바르고 막 만든 배 시럽조림을 얹어서….

사과보다 배로 만든 게 더 촉촉하잖아!!

버터의 짭짤한 맛이랑 정말 잘 어울려!

배로 만드는 시럽조림은 그때부터 매년 만드는 단골 요리가 되었습니다.

팬케이크로 휴일 브런치
만드는 시간 15분
한 끼에 약 780원
오늘은 아무런 일정도 없는 휴일!!
아침부터 밀린 집안일 해치우기!!
청소
부웅-
착착
책
정리
빨래
오전 11시 30분.
좋았어. 방도 깨끗해졌으니까….
여유롭게 점심을 만들어야지!!
맨날 먹는 거랑은 좀 다른 걸 먹고 싶은데.
맞다!
팬케이크 구워야지!!

팬케이크 믹스를 사용해서
쇼와산업 '조식 타입' 팬케이크 믹스
Sunny's Pancake
팬케이크 믹스
~2,800원
은은한 치즈 풍미
재료
• 팬케이크 믹스 1봉지(300g 정도)
• 우유 180cc
달걀 없이 가볍게 만들 수 있어요.
맛있는 우유
(작은 사이즈 6장들이)
4장은 냉동!

레시피
볼에 팬케이크 믹스 1봉지를 넣고 우유를 조금씩 넣어 가면서 섞기만 하면 OK!
구울 때는 기름을 두르지 않고 다소 약한 중간 불에 천천히 굽는다. 표면에 공기구멍이 생기면 뒤집는다.
곁들임용으로는 프라이팬의 절반에 햄 2조각을 굽고 사과 1조각을 종종 썰어서 설탕 1큰술을 뿌려 2분간 굽는다.
치익~
짭짤한 햄이랑 은은한 단맛의 팬케이크가 만드는 조화!! 구운 사과의 달콤함도 버터랑 최적의 하모니~!
토요일 정오를 넘겨서 느긋하게 요리한 점심을 먹는 여유로움….
바로 이런 순간, 자취해서 너무 좋다~ 하고 느낍니다.
마음에 퍼지는 편안함~!
따끈 따끈…

후기
잘 먹었습니다!
맛있게
어릴 적부터의 꿈이 이루어졌어요…!! 무척 기뻐요.
이렇게 책을 펴내는 날이 올 줄이야….
와아!
《20만 원으로 즐기는 혼밥 한 달 생존기》
읽어 주셔서 감사합니다~!
오즈 마리코 입니다.

3년 전 백수 시절에도 만화는 계속 그리고 있었지만
별로 잘되지 않았어요….
주제가 뭐라는 건지 애매….
그림체는 독특하네요….
블로그를 읽고 응원해 주신 여러분의 덕으로!
다시 한 번 깊이 감사드려요!!!
홀로 자취하게 된 시점에
이걸 계기로 심기일전해 볼까!
라는 생각으로 시작한 게 바로 《20만 원으로 즐기는 혼밥 한 달 생존기》이었습니다.
그게 어느덧 이렇게 한 권의 책으로 이어진 거죠.
인생이란 신비한 것….
담당해 주신 편집자님, 여태 신세 많이 졌습니다…!!
아기자기하게 디자인해 주신 디자이너님께도 감사드려요!
오스 씨~
앞으로도 제 나름의 원칙을 가지고 느긋하게 절약하는 생활을 이어 나가려 합니다~!
우리 또 만나요…!!
See you again…

요리 사진

오므라이스

P.94

두 끼분을 금방 만들고 정리도 간편. = 바쁠 때 최강의 조력자.

안초비 파스타

P.28

향기로운 마늘 향♡
먹으면 100% 힘이 나요!

수요일의 반주

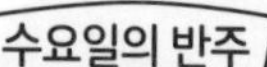

P.127

포슬포슬한 바질 포테이토에
산뜻한 토마토 치즈 샐러드,
기분 좋게 취해 가는 기분♪

하이난 치킨 라이스

P.18

닭고기의 감칠맛이 스며든 밥에
살포시 퍼지는 생강 향…♪

에그 치즈 토스트

P.30

요새는 프라이팬으로 토스트 만드는 데 빠져 있어요!

오코노미야키 & 오이 피클 & 피망 숙채절임

P.102 P.72 P.78

밀가루 음식 LOVE! 산뜻한 피클이랑
부드러운 숙채절임을 곁들였죠.

'히미츠도우'의 빙수

P.120

새콤달콤한 과일 소스와 진한 우유 맛의
하모니! 행복한 셀프 포상의 시간입니다.

제육단호박볶음 & 시금치나물

P.32

어느덧 단호박의 맛을 알게 된 나이.
나물을 곁들인 한 상입니다♪

프렌치토스트

P.106

막 구운 폭신폭신한 플레이트에 사과 시럽조림, 달콤한 시간…♡

제육배추찜

P.58

배추의 은근한 단맛이랑
돼지고기가 베스트 매치!!
밥이 술술 들어가요♪

연어 뫼니에르

P.62

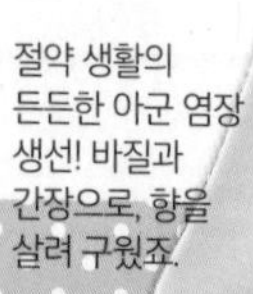

절약 생활의
든든한 아군 염장
생선! 바질과
간장으로, 향을
살려 구웠죠.

칼디에서 산 것들

P.54

여유 있는 달의 행복! 홀토마토 캔 &
태국 카레에 반해 늘 집어 와요.

레시피별 색인

금액별 색인

시간별 색인

Special Thanks

이케찡
4님
가족
친구들
애독서《만화의 길(まんが道)》
(후지코 후지오Ⓐ 선생 · 저)

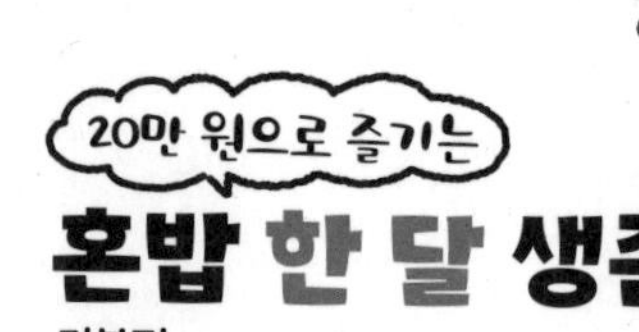

혼밥 한 달 생존기
기본편

초판 1쇄 발행일 2018년 2월 12일
초판 2쇄 발행일 2020년 8월 24일

글, 그림 오즈 마리코
옮긴이 김혜선
펴낸이 김경미
편집 김유민
디자인 이진미
펴낸곳 숨쉬는책공장
등록번호 제2018-000085호
주소 서울시 은평구 갈현로25길 5-10 A동 201호(03324)
전화 070-8833-3170 **팩스** 02-3144-3109
전자우편 sumbook2014@gmail.com
페이스북 / soombook2014 **트위터** @soombook

값 12,000원 | ISBN 979-11-86452-27-1 04590

잘못된 책은 구입한 서점에서 바꿔 드립니다.
이 도서의 국립중앙도서관 출판시도서목록(CIP)은 서지정보유통지원시스템 홈페이지(http://seoji.nl.go.kr)와
국가자료공동목록시스템(http://www.nl.go.kr/kolisnet)에서 이용하실 수 있습니다.(CIP제어번호: CIP2018000955)
